绿色食品标准解读系列

绿色食品
肥料实用技术手册

中国绿色食品发展中心　组编

张新明　张志华　主编

中国农业出版社

绿色食品

中国农业出版社

序

　　"绿色食品"是我国政府推出的代表安全优质农产品的公共品牌。20多年来，在中共中央、国务院的关心和支持下，在各级农业部门的共同推动下，绿色食品事业发展取得了显著成效，构建了一套"从农田到餐桌"全程质量控制的生产管理模式，建立了一套以"安全、优质、环保、可持续发展"为核心的先进标准体系，创立了一个蓬勃发展的新兴朝阳产业。绿色食品标准为促进农业生产方式转变，推进农业标准化生产。提高农产品质量安全水平，促进农业增效、农民增收发挥了积极作用。

　　当前，食品质量安全受到了社会的广泛关注。生产安全、优质的农产品，确保老百姓舌尖上的安全，是我国现代农业建设的重要内容，也是全面建成小康社会的必然要求。绿色食品以其先进的标准优势、安全可靠的质量优势和公众信赖的品牌优势，在安全、优质农产品及食品生产中发挥了重要的引领示范作用。随着我国食品消费结构加快转型升级和生态文明建设战略的整体推进，迫切需要绿色食品承担新任务、发挥新作用。

　　标准是绿色食品事业发展的基础，技术是绿色食品生产的重要保障。由中国绿色食品发展中心和中国农业出版社联合推出的这套《绿色食品标准解读系列》丛书，以产地环境质量、肥料使用准则、农药使用准则、兽药使用准则、渔药使用准则、食品添加剂使用准则以及其他绿色食品标准为基础，对绿色食品产地环境的选择和建设，农药、肥料和食品添加剂的合理选用，兽药和渔药的科学使用等核心技术进行详细解读，同时辅以相关基础知识和实际操作技术，必将对宣贯绿色食品标准、指导绿色食品生产、提高我国农产品的质量安全水平发挥积极的推动作用。

农业部农产品质量安全监管局局长　马爱国

2015 年 10 月

前 言

　　绿色食品是无污染的安全、优质、营养类食品，合理使用肥料是生产绿色食品的重要环节。对肥料种类和使用方法的规范要求，不仅是为了保证绿色食品的品质，也是为了更好地保护产地生态环境和再生产能力，节省资源和能源。同时，在保证绿色食品生产的前提下，逐步提升农田土壤肥力，提高产品品质，改善生态环境。

　　近年来，国内外农业生产发生了很多变化，食品安全和生态环境问题日益严峻，人们对于绿色食品的品质提出了更高的要求。随着农业新技术的不断涌现，许多新的肥料品种和土壤改良剂被开发出来，绿色食品用肥也有了更多的选择。而且，2000年版《绿色食品　肥料使用准则》不包含新肥料品种，不能满足绿色食品生产新形势的需求。针对上述问题，修订后的《绿色食品　肥料使用准则》（NY/T 394—2013）在原标准基础上增加了引言、肥料使用原则、不应使用的肥料种类，对肥料使用方法做了更详细的规定，进一步规范了技术指标。由于新肥料使用准则中涉及合理施肥问题，因此，本书对绿色食品生产中有关的肥料种类、标准解读及合理施用技术等内容进行了详尽论述，旨在向绿色食品从业人员提供最新的绿色食品合理施肥信息，对于推动我国绿色食品产业良性发展具有一定的指导意义。

　　本书主要介绍了肥料的种类、肥料在农业生产中的主要作用、施肥对农产品品质及生态环境的影响和《绿色食品　肥料使用准则》（NY/T 394—2013）解读，并对测土配方施肥、堆肥、气（体）肥、养分资源综合管理和水肥一体化等技术进行了详尽的论述，特别是对测土配方施肥的理论依据进行了更为全面的介绍，具有科学性、先进性和实用性。本书可供农业技术推广人员、绿色食品生产从业人员阅读，同时可供涉农院校有关专业师生参考。

　　由于专业知识所限，书中不妥之处在所难免，敬请各位同行和读者批评指正！此外，本书在编写过程中，参考了近年来公开发表的文献资料，虽力求全部列出，但难免疏漏，敬请原著（作）者谅解，并对有关著（作）者表示衷心感谢！

编　者

2015 年 11 月

目 录

第 1 章
肥 料 概 述

在我国农业生产中，农民购买肥料投入占全部农资投入的 50% 左右。肥料的施用也并非越多越好，过量或不合理施用肥料会导致人体健康受到威胁。如氮肥过量施用，可能导致作物抗病虫、抗倒伏能力下降，产量降低；引起农产品尤其是食品中硝酸盐的富集；氮素的淋失会对地表水和地下水环境产生污染；氨的挥发和反硝化脱氮会对大气环境产生污染。本章重点介绍肥料的种类、作用及其对农产品品质与生态环境的影响。

1.1 肥料概念及分类

1.1.1 肥料的概念

以提供植物（作物）养分为其主要功能的物料，称为肥料。肥料提供植物（作物）养分，具有提高产品品质、培肥地力、改良土壤理化性能等作用，是农业生产的物质基础。

1.1.2 肥料来源与分类

肥料的来源一般分为两大类：一类是为满足农业生产的需要由工厂生产的化学肥料；另一类是人类生活与生产过程中自然产生的物质，如植物秸秆、农副产品加工的下脚料、粪便和含腐殖酸的物料等，称为有机肥料。肥料的品种日益繁多，目前还没有统一的分类方法。常见的肥料分类见表 1-1。

表 1-1 常见的肥料分类

分类方法	类别	主要肥料
按化学成分	有机肥料	来源于植物和（或）动物，施于土壤，以提供植物（作物）养分为其主要功效的含碳物料。如饼肥、人粪肥、禽畜粪便、秸秆等沤堆肥、绿肥等农家肥料和腐殖酸肥料等

（续）

分类方法	类别	主要肥料
按化学成分	化学肥料	标明养分为无机盐或酰胺形态的肥料，由提取、物理和（或）化学工业方法合成。如尿素、硫酸铵、碳酸氢铵、氯化铵、过磷酸钙、磷酸铵、硫酸钾、氯化钾、磷酸二氢铵、钙镁磷肥、硫酸镁、硫酸锰、硼砂、硫酸锌、硫酸铜、硫酸亚铁和钼酸铵等
	有机—化学复混（合）肥料	来源于标明养分的有机肥料和化学肥料的产品，由有机肥料和化学肥料混合或化合制成
按含营养元素成分数量	单质肥料	在肥料主养分中，仅含有一种养分元素标明量的氮肥、磷肥、钾肥等的统称。如尿素、硫酸铵、碳酸氢铵、过磷酸钙、重过磷酸钙、硫酸钾和氯化钾等单质肥料；硫酸铜、硼砂、硫酸锌、硫酸锰、硫酸亚铁和钼酸铵等单质微量元素肥料
	复混肥料	氮、磷、钾3种养分中，至少有2种养分标明量的由化学方法或掺混方法制成的肥料，是复合肥料与混合肥料的总称。如各种复混（合）肥料
	复合肥料	氮、磷、钾3种养分中，至少有2种养分标明量的仅由化学方法制成的肥料。如磷酸一铵、磷酸二铵、硝酸磷肥、硝酸钾和磷酸二氢钾等
	混合肥料	将2种或3种氮、磷、钾单质肥料，或用复合肥料与氮、磷、钾单质肥料其中的1～2种，也可配适量的中微量元素，经过机械混合的方法制取的肥料，可分为粒状混合肥料、粉状混合肥料和掺混肥料。如各种专用复混肥料
	配方肥料	利用测土配方技术，根据不同作物的营养需要、土壤养分含量及供肥特点，以各种单质肥料或复合肥料为原料，有针对性地添加适量中微量元素或特定有机肥料等，采用掺混或造粒工艺加工而成的，具有很强针对性和地域性的专用肥料
按肥料作用方式	速效肥料	养分易被植物（作物）吸收利用，即肥效快的肥料。如尿素、硝酸铵、硫酸铵、氯化铵、碳酸氢铵、过磷酸钙、重过磷酸钙、硫酸钾、氯化钾和农用硝酸钾等
	缓效肥料	养分所呈的化合物或物理状态施入土壤后能在一段时间内缓慢释放（供植物或作物）持续吸收利用的肥料，包括缓溶性肥料、缓释肥料 缓溶性肥料是通过化学合成的方法，降低肥料的溶解度，以达到长效的目的。如尿甲醛、尿乙醛和聚磷酸盐等 缓释性肥料是在水溶性颗粒肥料外面包上一层半透明或难溶性膜，使养分通过这一层膜、缓慢释放出来，以达到长效的目的。如硫包衣尿素、沸石包裹尿素等

（续）

分类方法	类别	主要肥料
按肥料的物理状态	固体肥料	呈固体状态的肥料。如尿素、硫酸铵、氯化铵、过磷酸钙、钙镁磷肥、磷酸铵、硫酸钾、氯化铵、硼砂、硫酸锌和硫酸锰等
	液体肥料	悬浮肥料、溶液肥料和液氨肥料的总称。如液氮、氨水、叶面肥料、液体单质化肥或液状复合肥、聚磷酸铵悬浮液肥等
	气体肥料	常温、常压下呈气体状态的肥料。如二氧化碳
按作物对营养元素的需求量	大量元素肥料	利用含大量营养元素的物质制成的肥料。如氮肥、磷肥和钾肥
	中量元素肥料	利用含中量营养元素的物质制成的肥料。常用的有镁肥、钙肥和硫肥
	微量元素肥料	利用含微量营养元素的物质制成的肥料。常用的有硼肥、锌肥、锰肥、钼肥、铁肥和铜肥等
	有益营养元素肥料	利用含有益营养元素的物质制成的肥料。常用的有硅肥、稀土肥料等
按肥料的化学性质	碱性肥料	化学性质显碱性的肥料。如碳酸氢铵、钙镁磷肥、氨水和液氨等
	酸性肥料	化学性质呈酸性的肥料。如磷酸二氢钾、过磷酸钙、硝酸磷肥、硫酸锌、硫酸锰和硫酸铜等
	中性肥料	化学性质呈中性或接近中性的肥料。如硫酸钾、氯化钾、硝酸钾和尿素等
按反应的性质	生理碱性肥料	养分经作物吸收利用后，残留部分导致生长介质酸度降低的肥料。如硝酸钠、磷酸氢钙和钙镁磷肥等
	生理酸性肥料	养分经作物吸收利用后，残留部分导致生长介质酸度提高的肥料。如氯化铵、硫酸铵和硫酸钾等
	生理中性肥料	养分经作物吸收利用后，无残留部分或残留部分基本不改变生长介质酸度的肥料。如硝酸铵、尿素和碳酸氢铵等

注：引自《肥料应用手册》（张洪昌等，2011）。

1.2　肥料在农业生产中的作用

肥料是农作物的"粮食"，是重要的农业生产资料之一，在农业生产

中起着重要的作用。一是提高作物产量。据联合国粮农组织（FAO）调查，肥料的平均增产效果在 $40\%\sim60\%$。二是改善作物品质。通过合理施肥，可以有效地改善作物品质。例如，适量施用钾肥，可明显提高蔬菜、瓜果中糖分和维生素含量，降低硝酸盐含量；适量施用钙肥，可以防治瓜果水心病、脐腐病等。三是保障耕地质量。通过合理施肥，补充土壤被作物吸收的养分，保护耕地质量。四是肥料可保护环境，使作物生长茂盛，提高地面覆盖率；减缓或防止水土流失，维护地表水域、水体不受污染。

1.2.1　有机肥料的作用

绿色食品生产要求特别强调优质有机肥料的施用。绿色食品生产者应遵照绿色食品肥料施用准则选择自制有机肥或商品有机肥。有机肥料的种类很多，肥料来源广泛。含有机质并能提供作物需要的养分，对农作物无副作用的物料均可以生产成为有机肥料。

有机肥料有以下几种主要作用。

1.2.1.1　营养作用

第一，有机肥料富含作物生长所需的养分，能源源不断地供给作物生长。有机质在土壤中分解产生二氧化碳，可作为作物光合作用的原料，有利于作物产量提高。提供养分是有机肥料主要的作用。

第二，有机肥料养分全面，不仅含有作物生长必需的 16 种营养元素，还含有其他有益于作物生长的元素，能全面促进作物生长。

第三，有机肥料所含的养分多以有机态形式存在，通过微生物分解转变成为植物可利用的形态，可缓慢释放，长久供应作物养分。

1.2.1.2　改良土壤

第一，提高土壤有机质含量，更新土壤腐殖质组成，增肥土壤。土壤有机质是土壤肥力的重要指标，是形成良好土壤环境的物质基础，土壤有机质由土壤中未分解的、半分解的有机物质残体和腐殖质组成。施入土壤中的新鲜有机肥料，在微生物作用下分解转化成简单的化合物，同时经过生物化学的作用，又重新组合成新的、更为复杂的、比较稳定的土壤特有的大分子高聚有机化合物，为黑色或棕色的有机胶体，即腐殖质。腐殖质是土壤中稳定的有机质，对土壤肥力有重要影响。

第二，改善土壤物理性状。有机肥料在腐解过程中产生羟基一类的配

位体，与土壤黏粒表面或氢氧聚合物表面的多价金属离子相结合，形成团聚体。加上有机肥料的密度一般比土壤小，施入土壤的有机肥料能降低土壤的容重，改善土壤通气状况，减少土壤栽插阻力，使耕性变好。有机质保水能力强，比热容较大，导热性小，颜色又深，较易吸热，调温性好。

第三，增加土壤保肥、保水能力。有机肥料在土壤溶液中离解出氢离子，具有很强的阳离子交换能力，施用有机肥料可增强土壤的保肥性能。土壤矿物质颗粒的吸水量最高为 50%～60%，腐殖质的吸水量为 400%～600%，施用有机肥料，可增加土壤持水量，一般提高 10 倍左右。有机肥料既具有良好的保水性，又有不错的排水性，因此能缓和土壤干湿之差，使作物根部土壤环境不至于水分过多或过少。

1.2.1.3　刺激作物生长

有机肥料是土壤中微生物取得能量和养分的主要来源，施用有机肥料有利于土壤微生物活动，从而促进作物生长发育。微生物在生命活动中的分泌物或死亡后的物质，不只是氮磷钾等无机养分，还能产生谷酰氨基酸、脯氨酸等多种氨基酸以及多种维生素，还有细胞分裂素、植物生长素和赤霉素等植物激素。少量的维生素与植物激素就可促进作物的生长发育。

1.2.1.4　净化土壤环境

增施鸡粪或羊粪等有机肥料后，土壤中有毒物质对作物的毒害可大大减轻或消失。有机肥料的解毒原因在于有机肥料能提高土壤阳离子代换量，增加对镉的吸附。同时，有机质分解的中间物与镉发生螯合作用，形成稳定性络合物而解毒，有毒的可溶性络合物可随水下渗或排出农田，提高了土壤自净能力。有机肥料还能减少铅毒害，增加砷的固定。

1.2.2　化学肥料的作用

化学肥料（以下简称化肥）是粮食及相关食品生产的物质基础，与粮食安全形势的时空变化相对应，化肥对我国粮食的安全保障作用也有其时空变化特点。

1.2.2.1　化肥是作物氮磷钾养分的主要来源

作物养分需求量主要反映指标是 100kg 经济产量的养分吸收量，这一指标与作物品种和管理措施关系极大。例如，近些年东北寒地水稻 100kg 产量的氮素吸收量在 1.2～1.3kg，而且随着单产的提高，吸氮量

有下降趋势。但由于缺乏全国性的统计数据，目前仍沿用过去的测定数据。表1-2是2006年我国主要粮食作物每形成100kg产量的养分吸收量。

表1-2　2006年我国主要粮食作物的产量和养分吸收量及其加权平均数

（王兴仁等，2010）

作物	总产量（万t）	权重（%）	100kg产量的作物养分吸收量（kg）		
			氮（N）	磷（P）	钾（K）
水稻	18 257.1	40.41	2.1	0.43	2.3
小麦	10 446.4	23.29	3.1	0.60	2.3
玉米	14 548.5	32.44	2.6	0.53	2.4
大豆	1 596.7	3.56	9.3	0.63	3.6
加权平均数			2.71	0.51	2.38

据表1-2计算，2006年我国水稻、小麦、玉米和大豆产量为44 848.7万t，占同年粮食作物总产量（49 747.8万t）的90.2%。若以表1-2养分吸收量加权平均值近似代表粮食作物养分吸收量，并将其中的P、K分别换算成P_2O_5、K_2O，则2006年全国粮食作物的N、P_2O_5、K_2O吸收总量分别为1 368.1万t、581.0万t和1 420.8万t。据估计，这些养分约50%来自于肥料，其中又有70%～75%来源于化肥。因此，化肥为粮食生产供应的养分不少于35%。

1.2.2.2　化肥对粮食作物的增产作用

化肥的增产作用在我国表现出明显的阶段性变化。新中国成立前，全国基本上不施化肥，全靠农家肥料供应作物营养和维持土壤肥力，作物生产系统的养分循环长期处于低水平的平衡状态。

新中国成立后，化肥施用量的不断增加弥补了有机肥料投入的不足，作物产量随之迅速提高。遵循"土壤养分越贫乏，肥料越有效，增产幅度越大"的规律，不同养分肥料的增产效应在不同时期和不同地区有不同的表现。据1984—1988年全国化肥网资料，全国每千克N、P_2O_5、K_2O养分的粮食增产量（水稻、小麦、玉米及其他谷物的加权平均）分别为10.5kg、6.5kg、2.9kg。其中，氮肥效应地区间差异不大；磷肥效应以华北、西北地区小麦最大，长江地区水稻最小；钾肥效应以长江中下游、南方和西南地区最大，华北地区居中，东北、西北地区最小。在时间变异上，氮肥、磷肥效应呈下降趋势，钾肥则相反，有逐年增加的趋势。例如，施用每千克 K_2O 的水稻平均增产量，在 1952—1963 年、1964—1969 年、1970—1980 年 3 个阶段分别为 4.7kg、7.9kg、9.5kg，但近些年水稻钾肥增产效应已不再增长。例如，2006—2008 年全国测土配方施肥测试结果表明，施用每千克 K_2O 的水稻增产量为 7.6kg。

1.2.2.3　化肥对提高产品质量的贡献

人类消耗热量（包括糖和脂肪）的 88%、蛋白质的 80% 是由植物直接提供的，其余的由动物提供。我国居民饮食结构的动物性食品比例较低，因而作物产品（包括产量和质量）对满足人们需要的热量和营养的贡献更大。合理施肥能显著提高作物的产品质量，其中，以适当增施氮肥对提高作物蛋白质及人体必需氨基酸的作用最为突出。化肥对品质物质增产的贡献表现在增加收获物产量和提高品质物质含量两个方面。研究表明，在合理施肥条件下，氮肥可使小麦产量提高 33.9%，可使粗蛋白、面筋含量分别提高 32.9mg/kg、30.9mg/kg，必需氨基酸含量也有相应提高。水稻、小麦、玉米、大豆籽粒的蛋白质质量分数分别为 7.5%、12.3%、10.0%、34.9%，赖氨酸质量分数分别为 0.30%、0.34%、0.29%、2.4%。以此为粮食作物养分含量的权重，求得 2006 年我国粮食总产 49 747.8 万 t 的蛋白质和赖氨酸产量分别为 5 188.7 万 t 和 189.0 万 t。假设其中约 35% 养分来自于化肥，已知成人每天需赖氨酸约 720mg，则化肥对人们营养健康的贡献可想而知。

1.2.2.4　化肥促进了菜、果、饲料等作物的种植面积的扩大

我国菜、果、饲料等作物的种植面积不断扩大。尤其 1993 年国家启动"菜篮子工程"后，菜、果种植面积以 5% 的速度增长，到 2005 年占播种面积的 17%。例如，2000 年山东投入养分的 70% 来源于化肥。其中，粮、油、棉、菜、果及其他作物的化肥施用量分别占 46.98%、4.67%、2.34%、27.98%、12.19%、5.84%，菜、果两项合计约为 40.17%。2005 年，我国粮食作物化肥用量由以往的 60% 以上降至 46%，而菜、果化肥用量占 30%，钾肥占 44%。以此估算，2005 年全国用于非粮作物的化肥 2 537.7 万 t。由于农副产品对粮食安全的补偿和缓冲作用及化肥通过非粮作物对粮食安全的贡献不可小视，国家应当在确保粮食作物基本种植面积和必需的化肥用量的前提下，对菜、果、饲料等作物发展和肥料消费持积极开放的态度。2006 年、2007 年和 2008 年，我国化肥年消费量（纯养分）呈持续增长势头，分别达 4 927.7 万 t、5 107.8 万 t 和

5 239.0万t。与此同时，菜、果等经济作物的种植面积也在不断扩大。在每年约5 000万t的化肥中，不到一半用于粮食生产，多于一半用于非粮作物生产。显然，在充分发挥化肥对粮食作物增产效应的同时，如何发挥化肥对非粮作物的增产效应，不仅事关农民收入的增加和全民生活质量的提高，而且对确保我国的粮食安全也是非常重要的。

1.2.2.5 化肥对农业可持续发展的贡献

合理施用化肥，通过保护环境和培肥土壤对农业的可持续发展做出了重要贡献。在环境保护上，施肥能促进绿色植物通过光合作用吸收二氧化碳，放出氧气，抑制气候变暖，提高空气质量。据估算，每千克化肥（纯养分）平均可以增产粮食7.5kg，扣除制造化肥释放的CO_2和消耗的O_2，仍可净固定CO_2 22kg，净释放O_2 16kg。化肥还使每公顷土壤增加有机质1 125kg，相当于多固定CO_2 392.5kg。施肥还能促进作物根系生长和增加地面的植物覆盖，从而减少水土流失。这既维持了土壤肥力，又减少了对水源，特别是地面水的污染。在培肥土壤上，有机肥料和化肥合理施用能提高土壤有机质含量，增加土壤养分，维持和不断提高土壤生产力。肥料长期定位试验证明，在提高土壤有机质含量方面，有机肥料的贡献大于化肥；在增加土壤有效养分含量方面，则化肥的贡献大于有机肥料。

1.3 施肥对农产品品质的影响

随着人们生活质量的提高，饮食的目的不再是吃得饱，而是吃得好、吃得健康。所以，对农产品的要求也越来越高。这就是农产品品质日益受到重视的原因。

提高农产品品质的途径包括改良农产品的品种、培育优质新品种、优化种植结构和方式、合理施肥。其中，合理施肥是重要的途径之一。

农产品的品质，大体上包括3个方面：一是产品对人畜的营养价值，如小麦的蛋白质、玉米的氨基酸、西瓜的糖分等；二是产品的商业价值品质，如外观、口感、香味以及耐储存性等；三是对于需要进一步加工或者作为工业原料的产品应符合加工需要的某些品质，如小麦的出粉率、湿面筋值等。

一个作物产品的品质首先由作物本身（内在）的遗传本性决定（Mathches 和 Oumpaugh，1979）；其次，这些品质也受到外界因素的影响。遗传决定了某种作物或品种的产品特有的基本品质，而外在环境则可以影响或通过不同途径调节这些遗传潜力的实现程度。外在环境主要包括养分供给、土壤性质、气候环境和管理措施等。土壤对作物养分的均衡供应对改善作物品质有极其重要的作用。例如，如果能把作物需要的养分供应到最佳水平，则会大大改善其品质；反之，如果某种养分供应过量或不足，则会降低作物品质。这是由于养分过量或不足引起的，也可能是由于各养分之间供应不均衡造成的（高祥照等，2002）。

1.3.1　氮肥对农产品品质的影响

1.3.1.1　氮肥对粮油作物品质的影响

　　氮肥对作物品质的影响主要是可以提高作物，特别是谷类作物籽粒的蛋白质含量（蔡大同等，1994）。因为，作物从土壤中吸收硝态氮（$NO_3^- - N$）进入植物体后被还原为 NH_4^+，并与根系从土壤中吸收的 NH_4^+ 一起与磷化物结合形成 100 多种氨基酸。其中，大约 20 种氨基酸连接成多肽链。在这个链中，各种氨基酸的位置次序以及各种氨基酸的比例受控于核酸的遗传信息。这种多肽链通过多种途径形成蛋白质。在正常生长的植物所吸收的氮素中，大约有 75％形成蛋白质，而另外 25％左右的氮素常常由于作物生长速度慢而 NO_3^- 的吸收速度快，以非蛋白质的氨基酸、无机 NO_3^- 以及酰胺形态积累下来。

　　在植物体内形成的蛋白质一部分存在于种子中，供以后发芽使用；有一些蛋白质是酶类，它们控制着植物的各种代谢过程；还有一些则组成植物的结构物质和膜。由此可见，氮素供应对植物的生长和代谢都有重大影响，从而影响植物品质。增加氮素供应可以增加籽实的蛋白质含量。

　　施肥对谷类作物品质的影响程度随作物品种而不同。小麦蛋白质和氨基酸含量受氮肥影响大于玉米，受养分协调程度小于玉米。研究表明：施氮量在 $0 \sim 325 kg/hm^2$ 范围内，随着施氮量的增加，小麦蛋白质含量增加（高祥照等，2002），见表 1 - 3。

表 1 - 3　施氮量对优质小麦蛋白质含量的影响

单位：%

小麦品种	年份	施氮量（kg/hm²）					
		0	75	150	225	300	325
豫麦 47	1997	7.9	10.0	11.0	11.6	11.9	12.3
豫麦 47	1998	9.9	9.9	10.3	11.3	12.5	13.8

　　注：引自《肥料实用手册》（高祥照等，2002）。

氮肥同样影响谷类作物籽粒蛋白质中氨基酸的组成成分，小麦体内含有苏氨酸、缬氨酸、苯丙氨酸等人体所必需的 7 种氨基酸，其中苯丙氨酸受施肥的影响最大。赖氨酸是评价蛋白质和氨基酸质量的重要指标，无论在小麦和玉米上，氮磷钾肥配合施用时其含量最高。

张喜文等（1992）研究，随着施氮量增加，谷子籽粒蛋白质含量、直链淀粉、胶稠度均增加。淀粉是小米的主要成分，随施氮量增加而减少，相关系数为 $-0.960\,0$，直链淀粉的相关系数为 $0.989\,9$（表 1-4）。

表 1-4　施氮量对小米品质的影响

（张喜文等，1992）

单位：%

处理（单位）	粗蛋白质	粗脂肪	总淀粉	直链淀粉	支链淀粉	胶稠度
CK	10.23	4.35	77.67	13.4	64.27	5.6
N 3.75	10.34	4.46	77.02	13.6	63.42	6.1
N 7.5	12.20	4.25	76.96	14.0	62.96	6.4
N 11.25	11.85	4.10	76.22	14.2	62.02	6.8
N 3.75、P 2.5	10.46	4.39	77.02	13.8	63.23	7.0
N 7.5、P 5.0	12.55	4.18	75.50	14.7	60.80	7.7

注：N 3.75 和 P 2.5 分别代表每亩 * 施用氮肥（N）3.75kg 和磷肥（P_2O_5）2.5kg，以此类推。

1.3.1.2　氮肥对蔬菜和水果品质的影响

蔬菜和水果的外在质量包括外观、形状、颜色和有无瑕疵等；内在品质则有营养成分、口感等。氮肥对这些品质都有影响。

大白菜是喜氮作物，随着施氮量增加，维生素 C、糖含量增加。但是，大白菜中的 NO_3^- 和 NO_2^- 含量也迅速增加。NO_2^- 可与动物中血素形成高铁血红蛋白，降低了血液运输氧的能力。造成 NO_3^- 积累的条件有施氮肥过多、光照不足、干旱、气温过高、植物受到农药或除草剂的危害以及各种养分供应不均衡等（表 1-5）。

表 1-5　施氮量对大白菜品质的影响

施氮量（kg/hm²）	维生素 C（mg/kg）	糖（%）	NO_2^-（mg/kg 鲜重）	NO_3^-（mg/kg 鲜重）
225	280.1	2.10	0.103 3	1 843
375	310	2.85	0.134 0	2 919

注：引自《肥料实用手册》（高祥照等，2002）。

---

* 亩为非法定计量单位。1 亩＝1/15hm²。

对落叶果树，施氮肥过量影响色泽，延迟成熟，并常使成熟期参差不齐；氮肥能增加果肉的可溶物，如柑橘中酸的含量，减少维生素 C 和糖的含量。山东农业大学徐坤研究，增施氮肥可提高生姜的含氮量，使碳水化合物较多地合成蛋白质，从而降低可溶性糖和纤维素含量。淀粉和挥发油的合成依赖于较多的氮素（表 1-6）。

表 1-6　不同氮肥品种对生姜产量和品质的影响

处理 （施用量）	产量 （kg/hm²）	淀粉 （%）	可溶性糖 （%）	纤维素 （%）	蛋白质 （%）	挥发油 （%）
CK	26 220a	37.2a	26.4a	10.8a	8.8a	2.6a
NaNO₃	38 640b	38.1a	23.3b	8.9b	10.8b	2.8a
NH₄NO₃	43 125c	40.1b	22.8b	9.2b	11.3c	3.1b
CO（NH₂）₂	42 810c	40.5b	22.4b	8.3b	11.2c	3.2b
NH₄HCO₃	43 740c	41.3b	23.1b	8.5b	11.5c	3.2b

注：1. a、b、c 表示同列数据之间存在显著差异（$p<0.05$）。2. 引自《肥料实用手册》（高祥照等，2002）。

胡承孝等（1996）研究结果表明，随着施氮水平的提高，小白菜中维生素 C 含量呈直线下降，可溶性总糖也呈下降趋势。在高氮条件下，谷氨酸、脯氨酸、甘氨酸和丙氨酸等的含量显著增加（表 1-7）。番茄果实中维生素 C 和可溶性总糖的含量下降，可滴定酸度却显著增加；番茄的果实糖酸比下降，可口性差，品质恶化；可溶性固形物也随之下降，果实肉汁化，不利于果实的运输（表 1-8）。

表 1-7　不同氮素水平对小白菜体内氨基酸组成的影响

单位：g/100g 干重

项目	施氮量（N，g/kg）				
	0	0.2	0.4	0.6	0.8
天门冬氨酸	0.56	0.41	0.37	0.41	0.82
苏氨酸	0.40	0.21	0.20	0.25	0.32
丝氨酸	0.37	0.20	0.21	0.25	0.33
谷氨酸	1.61	1.28	1.33	1.42	2.22
甘氨酸	0.53	0.40	0.44	0.48	0.74
丙氨酸	0.57	0.45	0.50	0.53	0.86
胱氨酸	0.06	0.05	0.05	0.05	0.06
缬氨酸	0.68	0.55	0.62	0.65	0.94

（续）

项目	施氮量（N，g/kg）				
	0	0.2	0.4	0.6	0.8
蛋氨酸	0.06	0.05	0.05	0.07	0.07
异亮氨酸	0.45	0.36	0.41	0.46	0.67
亮氨酸	0.68	0.60	0.69	0.76	1.12
酪氨酸	0.26	0.11	0.09	0.14	0.15
苯丙氨酸	0.49	0.34	0.39	0.44	0.62
赖氨酸	0.57	0.47	0.51	0.60	0.89
组氨酸	0.21	0.14	0.16	0.17	0.24
精氨酸	0.45	0.35	0.38	0.43	0.74
脯氨酸	1.38	1.33	1.63	1.37	2.05
总量	9.33	7.30	8.03	8.49	12.8

注：引自《肥料实用手册》（高祥照等，2002）。

表 1-8 不同氮素水平对番茄果实品质的影响

项目	处理（N，g/kg 土）				
	0	0.2	0.4	0.6	0.8
可溶性固形物（g/100g 汁液）	4.6b	5.2a	3.9d	3.8e	4.3c
维生素 C（g/100g 汁液）	13.50c	19.46a	14.87b	13.74c	12.25d
可滴定酸度（g/100g 鲜样）	4.71e	5.42d	6.56b	6.20e	7.71a
可溶性总糖（g/100g 鲜样）	5.32a	4.66b	3.22c	2.63d	2.29e
糖酸比	1.13	0.86	0.49	0.42	0.30

注：1. a、b、c 表示同列数据之间存在显著差异（$p < 0.05$）。2. 引自《肥料实用手册》（高祥照等，2002）。

蔬菜食用部分硝酸盐含量是蔬菜卫生品质中的一个限制指标。尽管硝酸盐离子本身无毒，但它还原形成的亚硝酸盐离子对人体健康有害。因此，世界卫生组织和联合国粮农组织规定，硝酸盐 ADI（人日允许量）为 3.6mg/kg 体重。据此，国内用以下指标评价蔬菜硝酸盐的污染：

一级：$NO_3^- < 98mg/kg$，生食允许。

二级：$98mg/kg \leqslant NO_3^- < 177mg/kg$，生食不宜、盐渍、熟食允许。

三级：$177mg/kg \leqslant NO_3^- < 316mg/kg$，生食、盐渍不宜，熟食允许。

四级：$316mg/kg \leqslant NO_3^- \leqslant 700mg/kg$，最高限量。

随着氮素水平的提高，蔬菜体内硝酸盐呈直线增加。与评价标准比较，作为叶菜类的小白菜，施用低量氮肥其硝态氮的含量就超过四级限量，是一种强硝态氮富集作物；作为果菜类的番茄，即使高量氮肥，其食用部分硝态氮的含量仍低于一级限量，食用是安全的。据北京、上海、武汉的调查，小白菜体内 $NO_3^- - N$ 的含量达三、四级污染。因此，对 $NO_3^- - N$ 富集型的叶菜类，减少施肥量仍然难以控制 $NO_3^- - N$ 的积累（表 1-9）。

表 1-9　氮素水平对蔬菜食用部分硝态氮含量的影响

单位：mg/kg 鲜重

项目	施氮量（N, g/kg）					备注
	0	0.2	0.4	0.6	0.8	
小白菜	441.0d	1 029.7c	1 670.7b	2 056.7a	1 797.4b	潮土土培
	218.0	1 210.0	1 432.0	1 568.0	1 531.0	黄棕壤土培
番茄	26.46d	24.59d	30.53c	37.85b	49.05a	黄棕壤土培
	—	38.70d	48.20c	52.84b	68.05a	潮土土培

注：1. a、b、c 表示同列数据之间存在显著差异（$p < 0.05$）。2. 引自《肥料实用手册》（高祥照等，2002）。

1.3.2　磷肥对农产品品质的影响

磷对植物主要组成成分的形成起着重要作用，如磷酸酯、植酸钙镁、磷脂、磷蛋白和核蛋白等，这些化合物对作物的生长发育都有重要作用。增加磷的供应可以增加部分谷物的粗蛋白含量，特别是人体所必需的氨基酸，同时也会使另一部分作用粗蛋白的含量降低。

张喜文等（1992）研究不同施磷量对谷子品质的影响，结果表明，随着施磷量的增加，谷子粗蛋白含量增加，粗脂肪含量降低，直链淀粉及小米胶稠度增加（表 1-10）。

表 1-10　施磷量对谷子品质的影响

施磷量 （kg/hm²）	粗蛋白 （%）	粗脂肪 （%）	总淀粉 （%）	直链淀粉 （%）	小米胶稠度 （mm）
0	10.25	4.35	77.67	13.4	5.6
37.5	10.46	4.39	77.03	13.8	7.0
75	12.55	4.18	75.50	14.7	7.7

研究施磷量对冬小麦品质的影响结果表明，施磷肥使冬小麦蛋白质含量降低。但是，磷对产量正效应大于它对蛋白质的负效应，所以仍然使单位面积冬小麦蛋白质产量稍有增加（表1-11）。

表1-11　施磷量对冬小麦籽粒蛋白质含量的影响

项目	N 施肥量 （kg/hm²）							
	3				6			
	P_2O_5 施肥量 （kg/hm²）							
	0	45	90	135	0	45	90	135
粗蛋白（%）	8.49	10.26	10.15	9.01	12.77	11.69	11.29	11.06
精蛋白（%）	8.15	9.94	9.05	8.91	12.23	11.15	11.14	11.04
蛋白质产量（kg/hm²）	170.4	268.4	327.6	310.4	347.0	390.6	405.8	413.0

1.3.3　钾肥对农产品品质的影响

钾常被认为是作物生产的"品质要素"。如果缺钾，植物的光合作用、呼吸作用、物质迁移和许多酶系统功能可能会受到影响；充足的钾素供应，能提高作物的抗逆能力。

充分供应钾通常对作物有以下影响：一是钾可增加碳水化合物含量，如糖、淀粉。所以，钾对改善甘蔗、马铃薯和黄麻等作物的品质有良好作用。二是钾可增加某些纤维素含量，对改善水果、蔬菜作物的品质有利。三是可提高商品品质。改善马铃薯的钾素供应，可防止马铃薯上黑斑的形成。四是对谷类作物，充分钾素供应可以延长籽实的灌浆时间，使籽粒饱满，增加茎秆纤维和钾素含量，减少作物的倒伏。五是钾素供应充足时，有利于作物抗寒、抗旱和抗病虫。

1.3.3.1　钾对粮食作物品质的影响

钾对谷类作物品质的作用主要是影响谷粒蛋白质、淀粉、油的含量及组成，茎秆质量及抗倒伏能力，作物的成熟度，加工成品的品质及根据病害、颗粒大小和颜色而定的籽粒品质。

Camper（1978）研究发现，单独施钾肥可使大豆发芽率从62%提高到85%。与磷结合时，发芽率可达95%，使大豆紫斑病从27%降低到11%。按市场品质分级，施钾肥的大豆市场价比缺钾大豆几乎高10%（Thompson，1978），主要是钾大大减少了皱缩和病害籽粒的数量（表1-12）。

表 1 - 12　施钾量对大豆籽粒产量、品质的影响

施钾量（kg/hm²）	产量（kg/hm²）	皱缩和病害籽粒（g/kg）
0	1 614	208
372	2 556	18

　　李玉颖等人（1993）研究钾对大豆品质影响结果表明，施钾肥能提高大豆脂肪含量，对大豆籽粒中氨基酸影响较小，大豆的蛋白质含量是减少的（表 1 - 13）。

表 1 - 13　施钾量对大豆品质的影响

单位：%

项目	品种							
	和丰 25				绥农 8 号			
	施氯化钾量（kg/hm²）							
	0	250	325	ZnSO₄＋250	0	250	325	ZnSO₄＋250
蛋白质	44.69	42.44	42.65	41.86	42.56	41.48	41.96	42.15
脂肪	18.14	19.14	19.29	19.51	19.98	20.46	20.43	20.72
氨基酸总量	38.55	38.66	38.38	39.62	37.50	37.17	35.40	36.15
苏氨酸	1.28	1.21	1.26	1.32	1.22	1.23	0.95	0.99
缬氨酸	2.00	1.88	1.94	1.45	2.02	1.87	1.83	2.04
异亮氨酸	1.80	1.94	1.85	2.03	1.91	1.67	1.51	1.60
亮氨酸	2.99	2.96	3.00	3.01	2.27	2.10	2.05	2.14
苯丙氨酸	1.91	2.01	2.07	2.02	1.85	1.60	1.56	1.51
赖氨酸	2.70	2.66	2.68	2.50	2.85	2.62	2.86	2.51
蛋氨酸	0.51	0.59	0.43	0.48	0.54	0.69	0.50	0.61
胱氨酸	0.53	0.52	0.55	0.70	0.55	0.63	0.52	0.56
人体必需的氨基酸	13.18	12.23	13.23	12.82	12.66	11.77	11.36	11.39
含硫氨基酸	1.03	1.11	0.98	1.18	1.09	1.32	1.02	1.16

　　注：蛋白质用半微量滴定法、脂肪用索氏提取法、氨基酸用日立 835 - 30 型氨基酸自动分析仪测定。

　　陈焕丽等（2015）以洛薯八号马铃薯品种为试材，研究了不同钾肥用量对春露地马铃薯产量及品质的影响。试验结果表明，钾肥施用量超过 375 kg/hm² 时，马铃薯的商品薯率明显降低。适量的钾肥可提高马铃薯

淀粉、维生素 C 含量，降低还原糖含量。

1.3.3.2　钾对经济作物品质的影响

芥酸含量是评价油菜品质的重要指标之一，含量高的品质差。因为芥酸碳链较长，进入人体后不易被消化吸收。同时，芥酸含量会限制营养价值高的油酸和亚油酸含量的提高。徐光壁等研究结果表明，施钾量对油酸含量有增加的趋势，对粗蛋白质及芥酸含量没有影响（表 1-14）。

表 1-14　施钾量对菜籽品质的影响

施钾量 (kg/hm²)	油分 (%)	粗蛋白质 (%)	脂肪酸组成（%）						
			棕榈酸	硬脂酸 18:0	油酸 18:1	亚油酸 18:2	亚麻酸 18:2	碳烯酸 20:1	芥酸 22:1
0	40.19	24.50	0.96	3.67	50.90	18.97	11.86	9.51	3.13
112.5	41.39	23.94	0.77	4.31	51.92	18.84	11.97	9.04	3.15
187.5	41.84	24.50	0.91	4.29	53.65	17.87	11.06	9.18	3.04
262.5	41.70	24.46	0.79	4.17	53.23	18.70	11.01	9.04	3.06

注：引自《肥料实用手册》（高祥照等，2002）。

棉花纤维品质的评定，不但要根据纤维的长度、强度和绷度，而且要根据纤维的色泽和洁度。施肥技术、栽培技术、气候条件以及品种均影响这些品质参数。钾不仅可使棉铃增大，也可通过增加纤维长度和强度而改善棉花品质（表 1-15）。

表 1-15　施钾量对棉花产量和品质的影响

施钾量（kg/hm²）	每千克铃数（个）	纤维强度（g/tex）	纤维长度（UHM cm）*
0	243a	1.49	0.42
70	176b	1.50	0.44
140	163c	1.57	0.44
280	163c	1.47	0.43

*　UHM=上半截平均长度。

注：引自《肥料实用手册》（高祥照等，2002）。

苎麻是一种喜钾的纤维作物，钾肥在苎麻上的效果很显著。刘桃菊（1995）研究施钾对苎麻品质影响结果表明，钾肥能增加原麻纤维含量，单纤维支数与施钾量极显著（$r=0.9960$），钾可以改善纤维品质，这对于麻纺工业提高脱胶效率、增加精麻率尤其重要（表 1-16）。

表 1 - 16　钾对原麻化学成分的影响

施氯化钾量（kg/hm²）	脂蜡质（%）	水溶物（%）	果胶（%）	半纤维素（%）	木质素（%）	原麻含胶量（%）	纤维素（%）
375	0.217	6.835	2.235	18.11	1.595	28.99	71.01
225	0.240	6.967	2.102	17.74	2.010	29.06	70.94
75	0.182	7.352	2.510	17.96	1.795	29.97	70.02
0	0.225	7.552	2.392	18.45	3.305	32.44	67.56

注：原麻化学成分为破秆麻和二麻两季平均。

1.3.3.3　钾对蔬菜和水果品质的影响

马铃薯是很容易加工的农产品，加工成的薯片、薯条清脆可口，老少皆宜，市场潜力较大。马铃薯的质量参数不但包括市场销售总量，而且包括成熟度、抗病力和商品薯质量。比较均一、色彩明亮的薯片最合乎市场的需要。但是，糖、氨基酸和酪氨酸会使马铃薯薯片色泽变暗，钾的作用可降低这些成分在马铃薯中的含量。钾不足时，马铃薯块茎色泽容易变暗；而缺钾不严重的马铃薯，其块茎只在煮熟后才会变色。比重是衡量块茎品质的一个标准，它与马铃薯块茎的淀粉含量、固形物总量以及粉性有关。这些参数受品种、土壤理化状况及气候的影响，不过这些标准的商业价值取决于马铃薯的用途。例如，用作工业生产（如制酒精）原料时，需要干物质中淀粉含量较多的马铃薯。

周艺敏对喜钾作物如西瓜、大白菜、番茄和芹菜进行大量的研究，结果表明，钾不仅能提高糖的含量，而且能明显降低西瓜的酸度，大幅度提高糖酸比（表 1 - 17）。

表 1 - 17　钾肥对西瓜品质的影响

处理	平均产量（t/hm²）	全糖（%）	酸（%）	糖酸比
CK	34.2	7.19	0.084	8
N	35.4	7.05	0.072	9
NP	48.0	8.32	0.080	10
NK	41.6	8.11	0.068	11
NPK	53.8	8.81	0.068	13
NPKZn	54.1	8.90	0.072	12

注：引自《肥料实用手册》（高祥照等，2002）。

同样是钾肥，其肥料品种不同，作物的反应也不同。番茄需钾量较大，为需氮量的 1.5～2.0 倍。随着氮、磷施肥水平的提高，增施钾肥对提高番茄产量、改善品质和减轻病害有明显的作用。施钾能提高番茄和西瓜的糖含量，降低酸含量，增加水果的糖酸比。硫酸钾与氯化钾相比，维生素 C 提高 6%，酸度降低 11%，糖酸比提高 0.45，番茄风味得到改善。许前欣等研究结果也表明，在改善番茄品质方面，硫酸钾优于氯化钾（表 1-18）。

表 1-18　不同钾肥处理对番茄品质的影响

处　理	维生素 C （mg/kg 鲜重）	水溶性糖 （%）	含酸量 （%）	糖酸比
硫酸钾	174.0	2.27	0.402	5.65
氯化钾	164.2	2.32	0.446	5.20
硫酸钾比氯化钾增减（%）	55.9	−2.20	−10.95	—

注：引自《肥料实用手册》（高祥照等，2002）。

　　钾肥对蔬菜品质的影响见表 1-19。

表 1-19　钾肥对蔬菜品质的影响

作物种类	维生素 C（mg/kg）			还原糖（g/kg）			酸度（%，以柠檬酸计）		
	CK	KCl	K_2SO_4	CK	KCl	K_2SO_4	CK	KCl	K_2SO_4
西瓜	80.0	85.0	92.2	72.8	80.4	78.2	1.63	1.60	1.60
茄子	30.6	31.0	27.9	23.9	25.7	23.8	—	—	—
菠菜	131	174	135	1.6	4.8	5.4	1.31	1.10	1.07
黄瓜	65.8	74.3	74.3	34.8	35.0	35.8	1.10	1.06	1.07
豆角	103	103	135	26.1	26.9	23.8	2.23	2.31	1.90
番茄	83.2	88.5	106	32.3	37.2	36.2	4.66	4.45	3.23
大白菜	99.8	124	165	26.0	26.2	31.4	—	—	—
均值	108	119	134	27.8	30.3	30.6	2.27	2.19	1.88
标准差	72.7	75.4	93.2	218	23.5	22.3	1.30	1.30	0.80

注：引自《肥料实用手册》（高祥照等，2002）。

　　施钾能使蔬菜中硝酸盐含量降低。从表 1-20 可以看出，西瓜、菠菜、黄瓜、豆角、大白菜 5 种蔬菜施用钾肥后硝酸盐含量平均为（816±675）mg/kg，比对照降低 308mg/kg，降低率为 37.8%，其中硫酸钾降低 782.1mg/kg，比氯化钾（850mg/kg）还低 68mg/kg。

表 1 - 20 钾肥对蔬菜中硝酸盐含量的影响

单位：mg/kg

处理	茄子	菠菜品种 1	黄瓜	豆角	菠菜品种 2	番茄	大白菜	均值	标准差
CK	759.5	2 551	145	364.5	1 166.5	痕量	1 750	1 124.4	6.7
KCl	867.7	1 990	145	308.6	100.6	198	1 440	850	93.5
K_2SO_4	717.6	1 849	120	308.6	781.7	198	1 500	782.1	666.0

注：引自《肥料实用手册》（高祥照等，2002）。

果实大小、外观直接影响经济效益。据调查，西瓜施钾肥的单瓜重平均为 1.42kg，比对照增重 0.4kg。此外，茄子、黄瓜和白菜等施用钾肥后同样显出优势。不仅单果、单瓜增重，而且果实表面光滑，色泽好，白菜包心实，黄瓜瓜条直，菠菜叶片大而绿。所以，钾肥提高了蔬菜的市售价格。

薛文辉（2015）施用不同水平钾肥研究对苹果产量及果实品质的影响。结果表明，钾肥对果实品质的影响效果明显，增施钾肥可明显提高维生素 C、蛋白质、可溶性糖含量。增施适量钾肥能够有效地改善红富士苹果的各个品质指标，但是，施用钾肥超过适量的范围时则对各个指标表现出抑制作用。

1.4 施肥对环境的影响

1.4.1 氮肥

1.4.1.1 长期大量单一施氮对农田土壤的副作用

一般认为，长期、大量、单一地施用化肥（特别是化学氮肥），必然导致土壤酸化板结。施用化肥使土壤致酸的机制主要有以下 4 种：

（1）化肥产生生理酸

植物对同一种盐类（化肥）的阳离子、阴离子是选择性吸收的，当植物选择性地吸收了土壤（介质）中肥料的阳离子养分（如 K^+、NH_4^+ 等），使得阴离子过剩。而这种阴离子又属于酸根离子（如 SO_4^{2-}、Cl^-）时，土壤就会变酸。例如，土壤施用 $(NH_4)_2SO_4$ 时，植物对 NH_4^+ 的吸收远大于对 SO_4^{2-} 的吸收，土壤中就出现 SO_4^{2-} 过剩。因此，在植物生理学上，把类似 $(NH_4)_2SO_4$ 的盐类物质（或肥料）称为生理酸性盐(肥料)。

(2) 植物吸收养分产生代谢酸

植物根系在选择性吸收阳离子态养分（如 K^+、NH_4^+ 等）时，为保持细胞膜内外的电荷平衡，根细胞必定有相同电荷的 H^+（即代谢酸）与之交换，所以根际土壤溶液中 H^+ 浓度增加，pH 降低。在一般情况下，由于土壤的缓冲作用，生理酸和代谢酸性不易显著表现出来。但大量连续施用生理酸性盐，酸性物质会逐渐增多而导致土壤酸化。

(3) NH_4^+ 的硝化作用产生硝化酸

在一般的旱地土壤中，NH_4^+ 可以通过亚硝化单胞菌转为亚硝酸盐，并产生 H^+，降低土壤 pH。如果铵态氮肥的施用量很大，则硝化酸的强度也是很大的。

(4) 土壤盐基失衡产生的酸度

施入铵态氮肥后，土壤溶液中的 NH_4^+ 浓度显著增大，能有效竞争土壤其他阳离子的吸附点位，从而有 NH_4^+ 被吸附、Ca^{2+} 被解吸而进入土壤溶液。其结果是造成 Ca^{2+} 等盐基离子易于随渗漏水而淋失，导致土壤酸化（王正银，2009）。

此外，长期大量地施用肥料，特别是超量施用化肥和偏施氮肥，造成保护地土壤的次生盐渍化问题已非常普遍。研究表明，目前硝酸根已成为保护地土壤增加最多的盐分离子，占到阴离子总量的 67%～76%。对北京、济南、南京和上海等地土壤表层 0～20cm 全盐含量的测定结果表明，露地全盐含量均小于 1.0g/kg，大棚为 1.0～3.4g/kg，温室为 7.5～9.4g/kg。上海温室和大棚耕层土壤 0～25cm 盐分含量分别为露地的 11.81 倍和 4 倍，NO_3^- 是露地的 16.5 倍和 5.9 倍，盐分的表积现象非常明显，且盐分积累主要是硝酸盐积累。哈尔滨市蔬菜大棚总盐量已达露地土壤的 2～13 倍，并随着棚龄的增加而增加。土壤次生盐渍化已成制约国内外设施农业生产发展的严重障碍（王正银，2009）。

1.4.1.2 氮肥对环境的污染

(1) 氮肥对地表水的非点源污染

非点源污染已成为地表水环境的一大污染源或首要污染源（张新明等，2002）。从山东四湖、云南洱海以及上海淀山湖等湖泊的调查资料来看，通过农田径流输入湖泊的氮占湖泊氮总负荷的 7.0%～25.2%。浙江杭州湾的无机氮污染中，氮肥污染排在首位。另据报道，我国滇池入湖氮污染负荷中，农业面源占有相当的比例。

氮肥对地表水非点源污染主要通过地表径流进行。马立珊等研究发现，农业面源氮素污染负荷量随降雨量和灌溉量的增加而增大。吕耀报道，太湖流域等农业集约化程度较高的地区出现了过量施用氮肥以及肥料结构不合理的现象，造成大量氮素进入太湖，从而加剧了太湖水体富营养化。张兴昌等研究则发现，径流流失的无机氮以硝态氮为主。

（2）氮肥对地下水的污染

国内外的宏观研究结果表明，广大农区浅层地下水中硝酸盐的提高与大量施用氮肥以及灌溉有关（张新明等，2002）。Power 等认为，美国北部农区地下水中的硝酸盐是由于厩肥和化肥的施用不当。Yadav 研究结果发现，估计有 68% 残留在非根层土壤剖面中硝态氮和 20% 残留在根层土壤剖面中硝态氮进入地下水。Mckenna 报道了在欧洲，大约 22% 耕地以下的地下水中的硝酸盐浓度超过 50mg/L NO_3^-。张维理等（1995）研究表明，我国北方一些地区的农村和小城镇，由于氮肥的大量施用而引起的地下水、饮用水硝酸盐污染的问题已十分严重。在调查的 69 个地点中，有半数以上超过饮用水硝酸盐含量的最大允许量（50mg/L）。其中，最高者达 300mg/L。我国北方地下水的硝酸盐污染主要与 20 世纪 80 年代以来化学氮肥用量的成倍增长有关。

相对微观地研究氮素肥料对土壤硝态氮积累影响的方法有渗滤水池法、田间肥料试验法等。王家玉等、罗国良等研究结果均表明，稻田土壤中氮的淋失形态主要是硝态氮。陈子明等研究显示，土壤硝态氮的淋失量首先与施肥量有关，其次与降水量有关；夏秋季节降雨较多，硝态氮在 0～10cm 土层减少，80cm 土层以下大量增加，以致造成地下水和土壤环境的污染。氮素淋失量的顺序是单施氮肥＞氮＋有机肥料。袁锋明等发现，淋失水中硝态氮在施氮肥处理区大多超过饮用水卫生标准即氮 10mg/L 的限额，平均含量最高可达氮 33mg/L。宝德俊等研究则表明，每季施氮量 $\geqslant$225kg/hm², 150cm 处土壤渗滤液中 NO_3^- - N 浓度测出氮最大值＞100 mg/L。吕殿青等研究发现，有些高产地区由于过量施氮已在 0～4m 深的土层中积累了大量 NO_3^- - N，并使地下水和地表水受到不同程度的污染。

关于有机肥料对土壤中硝态氮积累的影响，Chang 等、袁新民等均指出，连续大量地施用厩肥会造成地下水污染。因此，有机肥料对土壤硝态氮的累积的影响以及对地下水的潜在威胁不容忽视。Vanotti 等则发现，不同降水年型影响硝态氮的积累。

（3）氮肥施用与大气污染

氮肥的过量施用对大气的污染主要包括微生物硝化和反硝化过程中形

成的 N_xO（包括 N_2O 和 NO），其中 N_2O 既是温室气体又能消耗同温层中的臭氧，破坏臭氧层（张新明等，2002）。

Veldkamp 等报道，施用的氮肥大约有 0.5％以 NO 形态释放到大气中。这对于农村地区臭氧的形成是重要的氧化氮的来源，而臭氧通常会造成作物的危害。N_2O 的释放大约占来自化肥、生物固氮和厩肥氮素的 1.25％，而且通过其他途径从农业中损失的氮素将最终反硝化而形成 N_2O。所以，N_2O 对温室效应的贡献不容忽视。Kaiser 等研究显示，N_2O 从供试土壤中的损失占到施氮量的 0.8％～1.5％。

关于影响土壤中 N_2O 释放的因素，黄国宏等研究发现，长效氮肥与等量的普通的尿素和碳铵相比，能明显减少土壤中 N_2O 的排放；玉米根系能通过其根系的作用增加土壤向大气排放 N_2O；土壤含水量不同，N_2O 的排放也有差异。在农田中等含水量的情况下，土壤微生物硝化和反硝化作用产生的氧化亚氮大约各占一半。施用脲酶抑制剂和硝化抑制剂能明显降低水田土壤 N_2O 的排放。徐文彬等研究则发现，不同氮肥对 N_2O 的排放有影响；氮肥深施和免耕均有减少土壤排放氧化亚氮的能力。

1.4.2　磷肥

磷肥在我国农业生产中占有很重要的地位，其用量（纯养分）仅次于氮量（曹志洪，2002）。由于磷肥的肥效较低，易被土壤固定。另外，磷肥是以磷矿石为原料，通过酸法（加入不同的酸）或热法（加热）或机械粉碎生产出的磷肥产品。我国的磷矿石品位偏低，而普钙加工工艺简单，投入低，含有效磷较低的普通过磷酸钙占我国磷肥产量较大，这就决定了我国磷肥的实物施用量很大。

磷肥对环境的影响包括两个方面：一是磷肥生产对环境造成的影响，如磷石膏（生产 1t H_3PO_3 就要副产磷石膏 5t）、污水处理、氟的污染及矿山复垦等问题。其中，磷石膏处理是一个重大问题。因为数量很大，而且含有放射性，存贮时也会对生物造成危害。二是磷肥施用造成的环境问题，这包括磷引起的水体富营养化、磷肥中重金属对土壤的污染以及施用磷肥造成的放射物质积累等。

磷肥施用之所以会产生环境问题，主要原因：一是磷肥施用过量；二是施用方法不当；三是磷肥品种本身问题。磷肥施用过量会使磷在土壤中异常积累，产生如下不利影响：第一，对水体污染造成潜在威胁。第二，在高磷情况下，作物过多（奢侈）吸收磷，可与植物体内的铁、钙、镁、锌结合生成沉淀，导致这些元素的生理缺乏。如在水培中，当磷的浓度高

于100mg/L时，会导致作物出现黄化的缺铁症状。第三，作物吸收过多的磷妨碍淀粉的合成，也不利于淀粉在植株体内的运输。如水稻在磷过剩时，淀粉合成受阻，成熟不良，籽粒不饱满。

1.4.2.1　磷肥施用与水体富营养化

虽然水中磷浓度大小既不会对人体造成危害，也不会和其他物质形成对人体有害的物质，但它的不良作用可以引起富营养化（曹志洪，2002）。地表水的富营养化是指湖、河等地面水中作物营养元素的富集现象。这种富集现象特别在非流动水体中会造成一系列的环境问题，如藻类生物过量繁殖、水体缺氧、透明度减少、恶臭和产生有毒物质等。这些问题导致水体不仅不能适于人类饮用、工业利用和鱼类生长，而且破坏了环境的美化舒适，影响旅游业发展。所以，地表水的富营养化是一种严重的污染现象。

近年来，我国不少湖泊和部分水库富营养化的趋势十分严峻。据金相灿等于1978—1980年对我国34个湖泊和水库调查，其中富营养化和重富营养化的湖泊分别占14.7%和5.8%；1987—1989年调查22个湖泊，其中富营养化的已占63.6%。在我国五大湖泊中，巢湖已进入富营养化阶段，太湖、洪泽湖正向富营养化阶段过渡，其余2个正向富营养化发展。我国中小型湖泊的富营养化状况更为严重，1996年对江苏吴县境内主要河流及太湖和阳澄湖水中氮、磷负荷进行调查，结果表明，与1983年相同河流枯水期硝态氮（$NO_3^- - N$）的结果相比，大多数河水中硝态氮（$NO_3^- - N$）浓度成倍增长；太湖和阳澄湖3个调查水域的无机氮和$PO_4^{3-} - P$的浓度均已超过了富营养化的临界值。

国外对内陆水源的保护比较严格，但对于海岸水域比较忽视。近年来，不少国家发现沿海水域富营养化严重。如澳大利亚西南沿海，欧洲的北海、波罗的海、地中海沿海以及美国沿海一些地方等。有报道说，北海沿岸水域的氮含量增加4倍，磷含量增加7倍，而且其中60%的氮和25%的磷来自农业。而农业来源的污染属于面源污染，治理起来相对较困难。

氮、磷是水体富营养化最重要的营养因子，当水体中磷达到一定浓度（$PO_4^{3-} - P$ 0.015mg/L）、无机氮含量大于0.2mg/L时，就可能出现"藻华"现象。在大多数情况下，磷是藻类生长的限制因素。在这个意义上，磷对富营养化作物起着关键的作用。

水体是否都可以引起富营养化，决定于水中氮和磷的浓度；同时，也与水中 N/P 有关。在未受到活动影响的地区，自然排水中 N/P 的变化幅度为 4～10，平均为 7 左右；而在天然水中，N/P 是 20∶1 或者更大。

磷在控制水富营养化中首先是浓度，水体中磷的浓度标准根据它对水中浮游生物生长的影响来控制。另外，水中浮游生物量（通常用叶绿素 a 的浓度表示）因水体的用途不同，标准也有不同。所以，水体磷浓度的标准随着水源的用途不同也有不同。国外对湖泊水体磷浓度和富营养化等级的分类见表 1-21。

表 1-21　国外湖泊水体磷浓度和富营养化等级

等级	全磷（$\mu g/L$）	叶绿素 a（$\mu g/L$）
贫营养化	≤10	≤2.5
中营养化	10～35	2.5～8
富营养化	35～100	9.0～25
重营养化	≥100	≥25

注：引自《化肥与无公害农业》（林葆主编，2002）。

我国对此也有研究，华东师范大学对湖泊中氮、磷浓度综合考察进行了分类划分（表 1-22）。

表 1-22　我国湖泊富营养化分类划分

单位：$\mu g/L$

等级	全磷（P）	全氮（N）
贫富营养化	4.7	79
贫富中营养化	10	160
中富营养化	23	310
中富富有营养化	50	650
富富营养化	110	1 200
重富营养化	250	2 300

注：引自《化肥与无公害农业》（林葆主编，2002）。

另外，高志（1994）对湖泊水体富营养化中氮、磷含量也进行了划分，见表 1-23。

表 1 - 23　水体富营养化与氮、磷含量

单位：μg/L

等级	全氮（N）	全磷（P）
贫营养化	20～200	2～20
中营养化	100～700	10～30
富营养化	500～1 300	10～70

注：引自《化肥与无公害农业》（林葆主编，2002）。

　　一般认为，水体中磷的浓度达到 10μg/L 时即可能产生富营养化。但同时还要看 N/P 如何。当 N/P 大于 4～5 时，其限制因素可能是氮。在这种情况下，磷的浓度升降对富营养化影响较少。在低 N/P 时，往往使能固氮的蓝绿藻生长加快，它们固定空气中氮素供给藻类生长直到 N/P 增加到生长受磷浓度的限制时。在这种情况下，由于蓝绿藻的生长可能产生某些有毒物质和臭味，使富营养化对环境的影响比其他藻类更大。

　　水源中的磷主要是从陆地土壤中进入的。对于陆地进入水源的磷有人做了估计（IRRI，1990），世界各地由地表进入水源的磷量见表 1 - 24。

表 1 - 24　每年不同地区从土壤进入水源的磷量

单位：万 t P

国家（地区）	磷量	国家（地区）	磷量
北美洲	20	拉丁美洲	50～80
欧洲	30	北非、中东	20～30
前苏联	100～180	南亚	20～30
中国	40～60	东南亚	40～70

注：引自《化肥与无公害农业》（林葆主编，2002）。

　　1993 年，联合国粮农组织（FAO）估计中国农田磷进入水体的量为 19.5kg/hm²，印度为 10.9kg/hm²，美国为 2.2kg/hm²。即我国从农田进入水体的磷量比美国高 8 倍，比印度高 80%。按上述估计，我国全国耕地（按 1 亿 hm² 计）每年向水体输送的磷量为 195 万 t P_2O_5。

　　很多试验证明，磷进入水体的途径：一是农田磷通过渗漏进入地下水，但磷通过渗漏进入地下水而造成污染的情况很少。因为土壤特别是下层土壤有足够大的吸持磷的能力，进入地下水的磷很少。英国洛桑试验站的试验表明，施磷 100 年后，磷仍然集中在 40cm 土层内（IFDC，1992）。在土壤固磷能力低的土壤如轻质土中，磷向下运动要大得多。如施过磷酸

· 25 ·

钙（P）600～2 000kg/hm² 时，在湖积细沙土中，磷向下移动到 200cm；当磷（P）用量加大到 13 000kg/hm² 时，磷下移 400cm，只剩 22％存在于 15cm 土层中。二是进入地表水的运动，即通过径流进入地表水，这是农田磷损失的主要途径，也是农田磷进入水体的主要途径。施肥是影响径流水中磷量的主要因素，它可以使表土中磷积聚较快，同样也显著提高径流中磷的浓度（表 1-25）。

表 1-25　施磷肥（过磷酸钙）对地表径流中可溶磷的影响

土壤	施磷肥量（mg/kg）	径流磷浓度（mg/kg）	渗漏水磷浓度
侧渗水稻土	0	0.113	0.021
	12.5	0.116	0.024
	25	0.118	0.024
	50	0.145	0.029
	100	0.176	0.039
	200	0.339	0.776
漏水水稻土	0	0.113	0.005
	12.5	0.114	0.005
	25	0.132	0.005
	50	0.137	0.005
	100	0.252	0.011
	200	0.508	0.199

注：引自《化肥与无公害农业》（林葆主编，2002）。

防止农田磷对环境不利影响的主要途径是控制径流量和合理施用磷肥。

1.4.2.2　磷肥施用中重金属的污染

由于磷肥是用自然界中磷矿石经过加工而成，而磷矿石除含钙的磷酸盐矿物外，还含有相当数量的杂质。特别是中低品位磷矿，杂质更多。这些杂质直接影响磷矿和磷肥中镉、镍、铜、钴、铬的含量（曹志洪，2002）。

（1）镉

磷矿中含有少量镉及其他重金属，在磷肥加工过程中，一般有60％～95％的重金属会转移到磷肥中。人们担心长期施用磷肥会使镉在土壤中积累而致害。据测定，我国磷矿镉含量范围为 0.1～571 mg/kg，但大部分为 0.2～2.5mg/kg。55 个主要磷矿中镉的平均值为 0.98mg/kg，除科拉矿外，比世界主要磷矿都低。

我国磷肥中镉平均含量也较低，据全国 30 个主要磷肥生产厂家生产的磷肥测定，平均含镉量 0.61mg/kg，大约相当于磷矿石含镉量的 62%，远远低于国际上一般含量 5～50mg/kg 的常见范围（表 1-26）。

表 1-26 不同磷肥品种的镉含量

项目	普通过磷酸钙	钙镁磷肥	全部磷肥
标本数	23	7	30
有效磷含量（P_2O_5，%）	14±2.9	14.6±1.6	14.7
平均含量（Cd，mg/kg）	0.75±0.65	0.11±0.03	0.60±0.63
含量范围（Cd，mg/kg）	0.1～2.93	0.1～0.18	0.1～2.93
每吨磷肥含镉（g）	0.75	0.11	0.6
每吨磷（P_2O_5）含镉（g）	5.1	0.75	4.1

注：引自《化肥与无公害农业》（林葆主编，2002）。

根据磷肥中镉含量，可以计算出随着磷肥进入土壤的镉量。1998 年，我国磷肥用量为 683 万 t（P_2O_5）。以过磷酸钙占 75%、钙镁磷肥占 25%、施磷面积为 5 000 万～7 500 万 hm^2 计算，则施入土壤中的镉量为 25.5t（Cd），相当于每公顷耕地年施入镉 0.34～0.51g。根据中国环境监测站 1990 年测定我国土壤镉的背景值为 0.157mg/kg 计算，我国土壤的最大允许施镉量，水田中的酸性土壤 0.96kg/hm^2，中性土壤为 2.98 kg/hm^2，石灰性土壤为 6.36kg/hm^2；旱地中酸性土壤为 0.73kg/hm^2，中性土壤为 1.63kg/hm^2，石灰性土壤为 1.86kg/hm^2。就目前磷肥用量，施磷肥 1 000 年后才能达到土壤最大负载量。

（2）锌、镍、铜、钴、铬

我国磷矿含锌（Zn）范围为 98.0～5 822mg/kg，含镍（Ni）范围为 8.3～372mg/kg，含铜（Cu）范围为 7.5～570mg/kg。其中，广西的小型磷矿中锌、镍、铜含量特别高，上述三者平均为 3 811mg/kg，171mg/kg 和 248mg/kg。20 个样本磷矿石中，钴和铬的平均含量分别为 7.8mg/kg 和 23.0mg/kg。与其他国家的磷矿相比，我国磷矿锌、镍、铜、钴的平均含量明显高得多，而铬的含量相比低得多（表 1-27）。

表 1 - 27　我国与世界主要磷矿中锌、镍、铜、钴、铬含量

国家	矿名	平均含量（mg/kg）				
		锌	镍	铜	钴	铬
中国	昆阳、开阳等 20 个矿	318	25.8	42.7	7.8	23.0
美国	Florid	37.6	18.7	9.8	2.2	124
突尼斯	Cafsa	194	6.4	4.5	1.2	253
一般范围		50～1 000	1～10	1～50	1～10	100～500

注：引自《化肥与无公害农业》（林葆主编，2002）。

我国过磷酸钙中锌的平均含量为 298mg/kg，镍、铜、钴、铬含量较低，而钙镁磷肥中镍、钴、铬的含量显著高于过磷酸钙（表 1 - 28）。

表 1 - 28　我国钙镁磷肥与过磷酸钙中锌、镍、铜、钴、铬的含量

单位：mg/kg

磷肥品种	锌	镍	铜	钴	铬
过磷酸钙	298	16.9	31.1	2.0	18.4
钙镁磷肥	118	316	28.1	17.4	96.7

注：引自《化肥与无公害农业》（林葆主编，2002）。

随磷肥带入土壤的重金属主要是锌、镍、铬。按我国远景磷肥（P_2O_5）用量可达每年 800 万 t 为基础进行计算（施磷肥面积 7 500 万 hm^2），带入土壤的锌量为 200g/hm^2，镍、铬分别为 150g/hm^2 和 50g/hm^2，远远低于土壤负载值。所以目前来说，施磷肥而带入的重金属对土壤环境影响很少，不会造成污染问题。

磷矿中可能含有的多种放射性物质铀（U）、镭（Ra）、钍（Tu）及其衰变产物，在一般农田上长期（50 年以上）试验表明，施磷和不施磷农作物放射性物质浓度未增加（IFDC，1992）。而在复垦的磷矿开采土壤上，蔬菜和水果中放射性有所增加，但人体受到的放射性剂量很少。

1.4.3　有机肥料

有机肥料中成分复杂，或多或少都会有重金属组分（曹志洪，2002）。这是因为畜禽饲料的添加剂、人工使用的药剂、各种包装品及日用品的金属材料的污染、垃圾和污泥中都含有较高的重金属。堆肥制造过程不仅使有机物料脱水，还可使重金属活化。因此，有机堆肥和污泥堆肥产品要对重金属含量有一定的标准。

1.4.3.1 有机堆肥

以垃圾或畜禽排泄物为原料的有机堆肥的成分相当复杂，除了有丰富的营养成分外，重金属等有害组分也不少，而且变异很大（表1-29）。我国台湾省每年生产和使用1 000多万t有机堆肥，市场抽样检测结果表明，有3%～41%产品的铬、铜、镍等重金属超过控制标准，有5%～9%产品的镉超过控制标准（Chen ZS, Lee DY, 1997）。内地市场抽样检测结果未见报道，估计情况应差不多。

表1-29 城市垃圾堆肥（干重计）的重金属含量（mg/kg）

项目	砷	镉	铜	汞	镍	铅	锌
平均值	2.7	2.8	176	1.7	28	222	639
±	1.9	1.5	123	1.1	12	239	418
CV（%）	69.1	53.5	69.9	60.6	41	107.3	65.4

注：引自《化肥与无公害农业》（林葆主编，2002）。

为了土壤的永续利用，为了保证农产品的质量和人畜健康，为了生态环境的安全，美国的土壤学家与环境署（USEPA）合作，根据重金属对水环境质量、对土壤微生物活性、对农产品品质和最终对人畜健康的影响，制定了10个重金属元素在土壤表层（0～20cm）的污染控制浓度CPC（control pollutants concentration），并将CPC与土壤重金属背景值BL（back ground level）的差异定义为土壤表层重金属的最大承载量MLC（Maximum Loading Capacity），可由公式（1-1）计算：

$$MLC（kg/hm^2）=（CPC-BL）（mg/kg）\times$$
$$（2\times10^6 kg/hm^2）\times（1kg/10^6 mg） \quad （1-1）$$

世界有关国家根据美国的提议，制订了各自的CPC和MLC（表1-30）。

表1-30 有关国家的土壤表层重金属最大承载量

单位：kg/hm²

元素	美国	德国	英国	法国	荷兰	加拿大
砷	41	40	20	40	60	14
镉	39	6	7	4	10	1.6
钴	—	—	—	—	100	30

（续）

元素	美国	德国	英国	法国	荷兰	加拿大
铬	300	200	1 200	300	500	210
铜	1 500	200	280	200	200	150
汞	17	4	2	2	4	0.8
钼	18	—	—	—	80	4
镍	400	100	70	100	200	32
铅	300	200	1 100	200	300	90
硒	100	—	—	—	—	2.4
锌	2 800	600	560	600	100	330

注：引自《化肥与无公害农业》（林葆主编，2002）。

美国环境署和土壤学家还建议，以每年施 10t/hm² 有机堆肥计，施用100 年也不导致土壤重金属污染的话，有机堆肥之重金属的最大允许浓度 MPC（maximum permutable concentration）则可按公式（1-2）计算：

$$MPC（mg/kg）= \frac{MLC（kg/hm^2）\times（10^6 mg/kg）}{10（t）\times 10^3（kg/t）\times 100a（hm^2 \cdot a）}$$

$$(1-2)$$

世界有关国家根据公式（1-2）计算了各自有机堆肥的 MPC（表 1-31），我国参考了其他国家 MPC 值，也提出了农用污泥（中国 1）和垃圾堆肥（中国 2）中有关的 MPC 值，见表 1-31。我国台湾省的同行们根据台湾土壤的背景值制订了适合于该省的 MLC 和 MPC，见表 1-32。

表 1-31　有关国家有机堆肥的重金属最大允许浓度（MPC）

单位：mg/kg

元素	美国	德国	英国	法国	荷兰	加拿大	日本	中国 1	中国 2
砷	41	40	20	40	60	14	50	25	30
镉	39	6	7	4	10	1.6	5	20	3
钴					100	30			
铬	300	200	1 200	300	500	210	—	1 000	300
铜	1 500	200	280	200	200	150		500	
汞	17	4	2	2	4	0.8	2	15	5
钼	18	—	—	—	80	4			
镍	400	100	70	100	200	32		200	
铅	300	200	1100	200	300	90		1 000	100
硒	100	—	—	—	—	2.4			
锌	2 800	400	560	600	1 000	330	240	1 000	

注：引自《化肥与无公害农业》（林葆主编，2002）。

表 1 - 32　我国台湾省土壤重金属背景值、土壤表层重金属的最大
承载量及有机堆肥的重金属最大允许浓度

元素	BL（mg/kg）	MLC（kg/hm²）	MPC（mg/kg）
砷	9	22	20
镉	1.8	4.4	4.0
铬	43	314	200
铜	22	250	150
汞	0.2	1.6	1.0
镍	42	156	120
铅	40	120	100
锌	90	420	300

注：引自《化肥与无公害农业》（林葆主编，2002）。

1.4.3.2　城镇生活污泥堆肥

国际上关于城镇生活污水的处理有严格的法规控制，对污水处理后的污泥的处置也受到监督和控制，大部分是作为二次资源开发利用（曹志洪，2002）。我国大多数大中城市的生活污水处理最近才开始真正运行或积极准备运行。过去也有不少城市建立了污水处理厂，因为没有好的运行机制，使污水处理成了赔钱的无底洞。

由于大多数污水处理厂没有运行，因此所产生的污泥量有限。按目前的情况，如果大中城市的污水处理走上正常的轨道，那么污泥的产量将是非常巨大的。一个中等大的城市日处理污水 100 万 t（80％处理率），按污水的固体悬浮物为 $800 \sim 900 mg/L$（中值）计算，日产污泥达 $800 \sim 900t$（干基）。这样大量的污泥是必须开发利用的，否则将不可避免地成为二次污染源。国际上把垃圾和污泥称为二次原料肥料（Wemer WN and Brenk CH，1997），即所谓 SRMF（Second Raw Material Fertilizers）而极力推崇。认为今后世界上不可再生的资源将越来越少，唯有垃圾和污泥资源越来越多，人们的生活水平越高，生态环境越美，所产生的垃圾和污泥也就越多。

当然，城镇污泥中包含有害微生物、重金属等杂质，在利用前必须进行处理，产品也必须有标准。德国的一个使用污泥产品 30 年的试验表明，土壤和农产品都没有发现镉超标（Wemer WN and Brenk CH，1997），而我国使用按国家标准生产的污泥复混肥的当季，就发现有 2 种蔬菜中的铅超过卫生标准。金燕等（2002）所用污泥复混肥含有铜 121.0mg/kg、锌

658mg/kg、铅 61.9mg/kg 和镉 0.48mg/kg，用量为 1.2t/hm²，4 次重复的小区试验，结果见表 1-33。有些城市郊区长期使用污泥或垃圾复合（混）肥，已检测到一些重金属超标的情况。因此，即使是合格的污泥和垃圾堆肥，最好也不用在蔬菜和一年生的瓜果作物上。因为果蔬的可食部分主要是其营养器官，如叶、茎、根或瓜，而不是种子等繁殖器官。前者易积累重金属，后者则因自我保护而累积的重金属较少。

表 1-33　施肥对蔬菜可食部分重金属含量的影响

作物	肥料	铜 (mg/kg)	锌 (mg/kg)	铅 (mg/kg)	镉 (μg/kg)
菜花	CK	0.64c	2.48a	0.23b	1.02a
	NPK	0.87b	2.56a	0.26a	1.02a
	污泥复混肥	1.02b	2.58a	0.28a	1.19a
莴苣	CK	1.32a	3.00b	0.22b	4.09a
	NPK	1.44a	2.93b	0.22b	4.05a
	污泥复混肥	1.32a	3.45a	0.25a	4.40a
国际食品卫生标准		≤10	≤20	≤0.2	≤50

注：1. a、b、c 表示同种蔬菜同列数据的差异达到 0.05 的显著水平。2. 引自《化肥与无公害农业》（林葆主编，2002）。

1.5　其他相关肥料

1.5.1　微生物肥料

1.5.1.1　生产概况

微生物肥料是指一类含有活微生物的特定制品，应用于农业生产中，能够获得特定的肥料效应，在这种效应的产生中，制品中活微生物起关键作用（刘秀珍，2009）。目前，一般将微生物肥料制品分为两大类：一类是狭义的微生物肥料，指通过微生物的生命活动，增加了植物营养元素的供应量，包括土壤和生产环境中植物营养元素的供应总量，导致植物营养状况的改善，进而产量增加，这一类微生物肥料的代表品种是根瘤菌肥；另一类是广义的微生物肥料，指通过其中的微生物的生命活动，不但能提高植物营养元素的供应量，还能产生植物生长激素，促进植物对营养元素的吸收利用或有拮抗某些病原微生物的致病作用，减轻农作物病虫害而促进作物产量的增加。目前，正处于研究和探索的植物促生根际细菌（Plant Growth-promoting Rhizobacteria，PGPR）即属于这一类，但这一类微生物制品的种类较多，市场混乱，目前争议较多。

微生物肥料种类繁多，根据它们的特性和作用机理，传统上将它们大致分为5类：一是能将空气中的惰性氮素转化成作物可直接吸收的离子态氮素，在保证作物的氮素营养上起着重要作用的微生物制品。属于这一类的有根瘤菌肥料、固氮菌肥和固氮蓝藻等。二是能分解土壤中的有机质，释放出其中的营养物质供植物吸收的微生物制品。三是能分解土壤中难溶性的矿物，并把它们转化成易溶性的矿质化合物，从而帮助植物吸收各种矿质元素的微生物制品。其中，主要的是"硅酸盐"细菌肥料和磷细菌肥料。四是对某些植物的病原菌具有拮抗作用，能防治植物病害，从而促进植物生长发育的微生物制品，如抗生菌肥料。五是增加作物根系吸收营养能力的菌肥，如菌根菌肥料。

1.5.1.2　微生物肥料利用概况

我国早在20世纪50年代就开始了微生物肥料的生产和研究，经过多年的试验和研究已经取得了很大的进展，在长期的农业生产应用中取得了较好的效果。在我国微生物肥料中，根瘤菌肥的应用最为广泛，其中大豆、花生、紫云英及豆科牧草接种面积较大，增产效果明显。紫云英根瘤菌在未种植过紫云英的地区应用，紫云英产草量可成倍增长。大豆接种根瘤菌可增产大豆 $225\sim300kg/hm^2$。花生根瘤菌可使花生增产 $10\%\sim50\%$。豆科作物从根瘤菌中获得的氮素占其一生所需氮素的 $30\%\sim80\%$，而且豆科根瘤固定的氮素大部分可为植物吸收利用。如果根瘤菌类肥料的使用面积达到 666.67 万 hm^2，则可减少12万～50万 t 化肥用量。在保证作物产量稳步增长的同时，产品品质也相应提高，环境效益更不可估量。但由于菌剂工艺的不成熟以及当地条件的限制，目前我国花生、大豆等作物的接种面积尚不足其播种面积的 0.1%。根据所收集到的资料和调查研究的结果，我国目前固氮菌肥使用较少，以 1990—1998 年湖北省小麦根际联合固氮菌的应用为例，使用面积最高的 1997 年为 22.531 万 hm^2，占当年小麦播种面积的 17%；最低的 1996 年为 0.7 万 hm^2，仅占小麦播种面积的 0.5%。同时，近几年我国其他菌肥发展迅速。在生物复合肥料研究开发领域中，许多高校和研究机构正在与产业界合作，采用产、学、研结合的开发形式，使科研成果迅速产业化，取得了明显的经济效益。目前，我国生物复合肥生产企业规模一般在 1.5 万～3.5 万 t/年，有8种生物肥料已获得农业部首次认证，并在国内推广使用。其中，北京世纪阿姆斯生物技术有限公司研制开发成功的"阿姆斯"世纪生物肥料，已在全国近20个省、自治区、直辖市的34种作物上试用，可使蔬菜增产13％～21％，棉花增产28％。北京绿源生物技术研究所开发的生物肥，可使水稻、小麦等增产10％～20％。武汉利泰技术有限公司及北京大学也分别研究开发成功多功能生物肥，可使作物增产10％以上。湖北德隆生化有限公司提出利用一种多效有机生物肥料的生产方法。海南兰德工贸技术公司提出一种生物复混肥料的制造工艺，它含有耐氨菌剂、改造后的铵态氮肥和微量元素化合物。这些生物复合肥对作物的增产都能达到10％以上。

1.5.1.3　微生物肥料开发与利用趋势

从我国微生物肥料的成长史中，可以看出我国微生物肥料的发展趋势。概括起来有以下几个方面：

(1)　由豆科作物接种剂向非豆科用肥方面发展

微生物肥料起源于豆科作物专用根瘤菌接种剂。然而，豆科作物种植面积在我国较小，对肥料需求量远不如粮食作物大。加之，大豆、花生产区经常用根瘤菌剂就会出现老产区接种效果差的问题，因而40多年来我国根瘤菌剂生产和应用量一直不大，始终没有形成产业规模。今后，微生物肥料势必将转向非豆科粮食作物用肥。

(2)　由单一菌种向复合菌种方面发展

豆科作物接种根瘤菌只能选用相应接种族的根瘤菌种。但是，由于微生物肥料的肥效并非单一功能作用结果，因而必然发展到多种菌的复合。目前，国内微生物肥料多趋向于将固氮菌和磷、钾细菌复合在一起施用，使得微生物肥料能同时供应作物氮、磷、钾营养元素。

(3)　由单功能向多功能方面发展

微生物肥料由于其微生物活动的特性，必将在微生物种群繁殖生长的同时向作物根际分泌一些次生代谢产物，而其中的一些次生代谢产物具有改善植物营养、刺激生长和抑制病菌等综合功能。许多微生物的功能也不是单一的，有些自生固氮菌除有固氮作用外，还能抑制病菌；有些杀虫细菌同时具有抑菌作用，许多微生物都有刺激植物生长作用。因此，微生物肥料将向功效的多样化方向发展；除要求有肥效外，还可开发兼有防治土传病害（如小麦全蚀病、西瓜和棉花枯萎病）的生物肥料。

（4）由无芽孢菌转向芽孢菌种

目前，我国应用的各种微生物肥料中固氮菌类（包括根瘤菌类）都是无芽孢菌类。由于无芽孢杆菌不耐高温和干燥，在剂型上只好以液体剂或将其吸附在基质（如草炭或蛭石等）中制成接种剂，以便于存储和运输。液体剂或固体菌剂用作拌种剂，用量很少（7.5～15kg/hm²）；如作为基肥则用量大（750kg/hm²左右），难以运输和施用，成本也高。另外，无芽孢菌抗逆性低，制成液体剂或吸附剂都不耐存储，难以进入商品渠道。因此，微生物肥料今后的发展必然在剂型上要有革新，要求菌种的更新换代，即应选用抗逆性高、能长时间存储的芽孢杆菌属。如现已为国际承认的有固氮作用的需氧芽孢细菌、多黏芽孢杆菌，其中一个有较强固氮能力的变种于1984年定名为固氮芽孢杆菌，其固氮酶活性可达（69～240）×$10^6\mu$g分子乙烯/（mL·h），用凯式定氮法检定其固氮能力为3.3～6.0mgN/g葡萄糖。此类菌剂8℃干燥制成干粉后可长期储存，适合于制成粉状或颗粒状微生物肥料，是固氮菌类更新换代的最佳菌种。

发展微生物肥料主要研究集中在以下几个方面：一是研究固氮的分子基础，以提高微生物的固氮水平。二是通过DNA重组技术改造共生细菌，提高其竞争力，使之能超过天然共生细菌，促进根瘤的形成。三是产生有用的微生物菌株来合成铁载体，阻止植物病原微生物的生长。四是寻找并改造产生植物激素的微生物，使之能释放特定水平的某种激素，以促进植物的生长和繁殖。五是完善微生物肥料的产品标准，加强对微生物肥料的质量监督和管理。六是规范微生物肥料产品的质量检测，合理利用自动稀释仪、红外扫描菌落计数器、荧光抗体技术、免疫酶标记技术、单克隆抗体、免疫印记技术、限制性核酸酶切图谱（RELP）及核酸杂交技术等对微生物肥料的质量提供检测。

总之，由于微生物肥料具有低投入、高产出、高质量、高效益、无污染、原料充足、制作技术简单和容易推广等优点，非常符合现代生态农业和农业可持续发展的方向。随着社会对环境保护的日益重视，随着现代生态农业、绿色农业和有机农业的蓬勃发展，微生物肥料在农业生产中将发挥出其应有的经济效益和生态效益。

1.5.2　优势肥用植物资源（有机肥料）的利用

中国优势肥用植物可初步划分为富氮型、富钾型、富硅型、富硼型、高腐殖化型和综合型（王正银，2012），其资源潜力大。在植物安全生产中，合理利用这些资源是十分重要的措施。

1.5.2.1　开发优势肥用植物资源的战略意义

植物性有机肥料通常具有营养全面、成本低、无毒、无害等特点，对发展绿色食品、满足人们对无公害食品的要求、保护生态环境具有深远意义。在我国发展 AA 级绿色食品农产品允许施用的 5 种肥料中，有 3 种（秸秆、绿肥、饼肥等）属植物性有机肥料。我国农业要持续发展，有机肥料支持系统具有十分重要的作用。建立永续利用的有机肥料系统，充分利用可更新的生物资源，特别是优势肥用植物资源，既有农业利用的广谱性（如秸秆还田），避免过量施用化肥对土壤、作物、水体、大气的污染和危害，为有效解决我国 3 000 万 hm^2 耕地有机质严重不足提供物质基础；也能解决区域农业发展的营养障碍因子（利用富养分植物残体），达到物尽其用，实现农业生态环境的优化和资源的高效持续利用。

1.5.2.2　优势肥用植物资源开发利用的原则

（1）以肥为主，一物多用

任何一种优势肥用植物的开发利用，都应以肥用为主，肥饲兼用，兼顾保持水土、美化环境，实现植物资源的多功能、多效益和最大利用价值。

（2）营养作物，优质高产

针对区域农业土壤缺素突出问题，开发相应优势肥用植物，优肥优用，坚持油籽残渣（菜籽饼等）优先用于瓜果类蔬菜、果树、烤烟等高附加值、名、特、优、新作物上，以保证品质优良。

（3）方式多样，经济高效

发展优势肥用植物应坚持短期速生与多年生植物相结合、旱生与水生植物相结合、草本与木本植物相结合、豆科与非豆科植物相结合、耕地种植（栽培植物）与荒坡隙地种植（野生植物）相结合等多种方式。利用上则因地制宜，采用翻压、覆盖、沤制、发酵、提取和有机无机复合施用等多种方式，以达到高效益。

（4）生态优化，持续发展

充分利用荒坡裸地种植优势肥用植物。在农林复合体中，适当配置木本绿肥以一年收割多次和多年收割做肥用。合理利用水面，养殖优势肥用水生植物。既促进农业生态环境优化，又建立多层次优势肥用植物资源库，满足农业持续发展的需要。

1.5.2.3　扩大肥用植物资源的有效途径

（1）高效益优势肥用植物系统的构建

结合发展生态农业，优选和建立优势肥用植物系统。就我国的现状，对富氮植物拟采用串叶松香草、紫云英（或苕子）、桤木（湿地）；富钾植物选用籽粒苋、空心莲子草、红萍、商陆；富硼植物可采用"三水"绿肥作物和肥田萝卜。以这些植物做基础与作物秸秆肥用资源相结合，组建适宜的高效益优势肥用植物系统。

（2）有计划恢复和扩大种植豆科绿肥和放养水生绿肥

近年来，我国绿肥种植面积不足 800 万 hm^2，且产量不高。虽原因较多，但利用方式单一，经济效益低是主因。应立足发展生态农业、持续农业统筹规划和布局，选择优势豆科绿肥品种，接种新型高效优势根瘤菌株，以提高固氮效率和鲜草产量。稻田养萍应当重视，水生绿肥的养殖应重点向江、河、湖、库扩展，结合净化水质优化水生生态系统。例如，长江三峡水库的重庆段，大坝建成后将有数百公里的净水域，且极可能富营养化，如果适量养殖水生绿肥，集生态、环保、肥料、饲料于一体，一举多得。

（3）提高复种指数，增加秸秆还田数量

在我国南方，改一熟、二熟为三熟，既提高作物籽实产量，也可增加秸秆数量 30％以上。在生活燃料缺乏的地区，应坚持作物收获时留高茬，增加秸秆直接还田数量；坚持发展沼气，解决好能源问题，促进秸秆高效间接还田。

（4）继续筛选和繁育优势肥用野生植物

我国各地对富钾野生植物的筛选和应用成效明显。但是，有计划地大规模集约化种植利用尚不普遍，以致这类优势植物资源潜力尚未充分发挥，应当加以充分重视。同时，应继续研究和筛选优势氮、钾和生理活性型野生植物，加大对自然植物资源库的开发和利用力度。

1.5.2.4　加强优化资源利用方式研究

（1）稻草中硅素生物有效性的研究

稻草富含硅素，直接回田能否有效矫治我国 1 100 万～2 000 万 hm^2 水稻缺硅，迄今尚无系统研究。有资料表明，稻田 Eh、pH、有机酸对土壤有效硅有显著影响，稻草有机物中的硅对作物有效性较高。因此，开展稻草硅释放的动力学及其影响因素研究，对于提高其肥用价值、开发利用

植物性硅肥具有重要意义。

（2）加工提取技术研究

肥用野生植物水提取物、醇提取物的研究已有报道，但涉及植物甚少。近年来，欧洲推广的一种液体叶面肥，其主要成分为矿质元素和植物提取物，植物提取物以多种植物为原料，该肥对作物具有营养、抗逆等多种作用，值得我国借鉴。对肥用植物资源的利用，可用发酵剂加速其有机养分（碳、氮、磷等）的分解，提高利用效率；也可加入铁、锌、锰氧化物发酵后，制成有机无机螯合微肥新产品。这种新型微肥能促进作物对养分的吸收，且抗病效果好。

（3）优质商品肥研究

研制以植物材料为氮、钾源生产的全有机颗粒复合肥，将有利于我国绿色食品蔬菜、水果等的生产。植物残体做原料生产的有机无机复合肥，特别适用于我国有机质含量低的土壤。它将是我国复合肥料发展的主要方向之一，其前景极为广阔。

第2章

《绿色食品　肥料使用准则》解读

　　绿色食品是无污染的安全、优质、营养类食品，合理使用肥料是生产绿色食品的重要环节。对肥料种类和使用方法的规范要求不仅是为了保证绿色食品的品质，同时也是为了更好地保护产地生态环境和再生产能力，节省资源能源，在保证绿色食品生产的前提下，逐步提升农田土壤肥力，提高产品品质，改善生态环境。

　　《绿色食品　肥料使用准则》（NY/T 394—2000）制定于2000年，10多年来，该标准对于规范绿色食品生产用肥起到了重要作用。近年来，国内外农业生产发生了很多变化，食品安全和生态环境问题严峻，人们对于绿色食品的品质提出了更高的要求，同时农业新技术不断涌现，许多新的肥料品种和土壤改良剂产品被开发出来，绿色食品用肥有了更多的选择。NY/T 394—2000用肥安全性偏低，不包含新肥料品种，不能满足绿色食品生产新形势的需求。针对上述问题，《绿色食品　肥料使用准则》（NY/T 394—2013）在原标准基础上增加了引言、肥料使用原则、不应使用的肥料种类，对肥料使用方法做了更详细的规定，进一步规范了技术指标。

　　由于国情的差别，我国在农产品生产和肥料使用上，与欧美发达国家相比存在一些问题和差距：第一，我国人口多，耕地少，粮食安全压力大。反映在农业生产中就是追求高产、重视产出，不重视土壤培肥和生态农业建设，表现为农田土壤退化、生态环境恶化。第二，在肥料使用上，表现为过度依赖化肥，不重视有机肥料和生物肥料。我国以占世界7％的耕地，消耗了全世界34％的化肥。过量施用化肥，不重视有机肥料和生物肥料，导致我国农产品品质下降、土壤退化严重、农业面源污染加剧。第三，城市垃圾分类管理系统不健全，如城市生活垃圾中混有建筑垃圾，生活污泥中混有工业污泥，导致重金属等有害物超标。大量的城市有机废弃物不能回到农田，无法实现物质能量循环，造成环境污染和资源浪费。第四，养殖业管理不健全，如畜禽养殖过程中大量使用抗生素、重金属等饲料添加剂，导致以畜禽粪便为主要原料的有机肥料产品有害物超标，污染农田环境。第五，发达国家在发展农业生产的同时很重视农田生态环境建设和土壤肥力构建，安全农产品生产在使用有机肥料的同时不排斥适量合理施用化肥。

　　针对上述问题，新标准修订时考虑了下列因素：第一，重视粮食安全和农产品品质，更重视农业生态环境建设和农田土壤培肥，实现农业可持续发展。第二，在肥料使用上，重视有机肥料和生物肥料，限量、合理使用化肥。鼓励秸秆还田和种植绿肥，配合施用秸秆腐熟剂、固氮菌剂等微生物肥料，提升农田土壤肥力和农产品品质。第三，广泛开辟有机肥源，强化无害化指标控制。鼓励秸秆还田，允许使用农家肥料以及畜禽粪便等原料生产的有机肥料，对肥料无害化指标提出明确要求。

　　标准修订的原则：保证绿色食品生产对肥料的要求，保护产地生态环境和再生产能力，节省资源能源。在保证绿色食品生产的前提下，逐步提升产地农田土壤肥力，提高产品品质，改善生态环境。具体体现在：

　　第一，无害有利、保证养分原则。用于绿色食品生产的全部肥料都应达到国家相关标准规定的无害化技术指标，不对农产品及其产地造成污染，保证食品安全，并且能够为农产品提供养分，提高品质。

　　第二，有机为主、改善生态原则。绿色食品生产过程中肥料种类的选取应以有机肥料为主，生物肥料、化肥为辅。鼓励使用秸秆肥、绿肥等农家肥料，配合施用固氮菌剂、秸秆腐熟剂等微生物肥料，补充无机速效养分，达到培肥地力，改善环境，实现农业可持续发展。

　　第三，合法合规、平衡施肥原则。绿色食品生产用肥的生产和使用应符合国家相关法令、法规，肥料用量应体现以产定量、总量控制、平衡施用，即根据目标产量确定需要投入的养分总量。在施用有机肥料的基础上，减少化肥用量，并且兼顾各营养元素间的比例平衡。

2.1　前言

【标准原文】

　　本标准按照 GB/T 1.1—2009 给出的规则起草。

　　本标准代替 NY/T 394—2000《绿色食品　肥料使用准则》。与 NY/T 394—2000 相比，除编辑性修改外主要技术变化如下：

　　——增加了引言、肥料使用原则、不应使用的肥料种类等内容；

——增加了可使用的肥料品种，细化了使用规定，对肥料的无害化指标进行了明确规定，对无机肥料的用量做了规定。

本标准由农业部农产品质量安全监管局提出。

本标准由中国绿色食品发展中心归口。

本标准主要起草单位：中国农业科学院农业资源与农业区划研究所。

本标准主要起草人：孙建光、徐晶、宋彦耕。

本标准的历次版本发布情况为：

——NY/T 394—2000。

【内容解读】

《绿色食品 肥料使用准则》标准于 2000 年首次发布。2012 年农业部立项，由中国绿色食品发展中心作为技术归口单位组织了该项标准的修订工作。标准的主要起草单位为中国农业科学院农业资源与农业区划研究所，2013 年完成修订并发布。这次修订除编辑性修改外，主要修订了以下内容：一是增加了引言、肥料使用的基本原则；二是增加了绿色食品生产中不应使用和可以使用的肥料品种；三是细化了肥料的具体使用规定；四是增加了肥料的品质要求；五是对无机肥料的用量做了规定。以上技术变化将在后面章节详细解读。

2.2 引言

【标准原文】

绿色食品是指产自优良生态环境、按照绿色食品标准生产、实行全程质量控制并获得绿色食品标志使用权的安全、优质食用农产品及相关产品。

合理使用肥料是保障绿色食品生产的重要环节，同时也是保护生态环境，提升农田肥力的重要措施。绿色食品的发展对生产用肥提出了新的要求，现有标准已经不适应生产需求。本标准在原标准基础上进行了修订，对肥料使用方法做了更详细的规定。

本标准按照保护农田生态环境，促进农业持续发展，保证绿色食品安全的原则，规定优先使用有机肥料，减控化学肥料，不用可能含有安全隐患的肥料。本标准的实施将对指导绿色食品生产中的肥料使用发挥重要作用。

【内容解读】

《绿色食品　肥料使用准则》标准是绿色食品生产的基础标准之一，标准中增设引言的目的：一是突出绿色食品理念；二是说明合理使用肥料在绿色食品生产中的重要作用和意义；三是说明标准编写的基本原则和依据。

2.3　范围

【标准原文】

本标准规定了绿色食品生产中肥料使用原则、肥料种类及使用规定。本标准适用于绿色食品的生产。

【内容解读】

本部分主要说明标准的主要内容和适用范围。本标准规定了绿色食品生产中肥料使用的基本原则，可使用和不可使用的肥料种类以及各类的使用要求。本标准主要适用于绿色食品生产中肥料的使用，申报和使用绿色食品标志的生产企业必须严格按本标准要求执行。因本标准是在普通食品生产基础上的更高要求，对于农业生产用肥具有普遍的指导意义，鼓励非绿色食品企业选用本标准。

2.4　术语和定义

【标准原文】

3.1

AA 级绿色食品　AA grade green food

产地环境质量符合 NY/T 391 的要求，遵照绿色食品生产标准生产，生产过程中遵循自然规律和生态学原理，协调种植业和养殖业的平衡，不使用化学合成的肥料、农药、兽药、添加剂等物质，产品质量符合绿色食品产品标准，经专门机构许可使用绿色食品标志的产品。

3.2

A 级绿色食品　A grade green food

产地环境质量符合 NY/T 391 的要求，遵照绿色食品生产标准生产，生产过程中遵循自然规律和生态学原理，协调种植业和养殖业的平衡，限量使用限定的化学合成生产资料，产品质量符合绿色食品产品标准，经专门机构许可使用绿色食品标志的产品。

【内容解读】

上述两条定义了 AA 级绿色食品和 A 级绿色食品，其中 AA 级绿色食品的必要条件包括：①产地环境符合 NY/T 391 要求；②生产方式遵照绿色食品生产标准；③生产过程遵循自然规律和生态学原理，协调种植业和养殖业的平衡；④不使用化学合成的肥料、农药、兽药、渔药、添加剂等物质；⑤产品质量符合绿色食品产品标准；⑥经专门机构许可使用绿色食品标志。

A 级绿色食品的必要条件包括：①产地环境符合 NY/T 391 要求；②生产方式遵照绿色食品生产标准；③生产过程遵循自然规律和生态学原理，协调种植业和养殖业的平衡；④限量使用限定的化学合成生产资料；⑤产品质量符合绿色食品产品标准；⑥经专门机构许可使用绿色食品标志。

【标准原文】

3.3

农家肥料　farmyard manure

就地取材，主要由植物和（或）动物残体、排泄物等富含有机物的物料制作而成的肥料。包括秸秆肥、绿肥、厩肥、堆肥、沤肥、沼肥、饼肥等。

【内容解读】

"农家肥料"在我国肥料相关标准中没有明确定义，本标准所定义的"农家肥料"主要具有以下特征：①农家肥料是以提供植物养分为其主要功效的物料［根据《肥料和土壤调理剂　术语》（GB/T 6274）中"肥料"的定义］；②农家肥料的原料来源多为就地取材；③农家肥料在原料组成上主要是植物和（或）动物残体、排泄物等富含有机物的物料；④农家肥料的主要品种有秸秆肥、绿肥、厩肥、堆肥、沤肥、沼肥、饼肥等。

【标准原文】

3.3.1

　　秸秆　stalk

　　以麦秸、稻草、玉米秸、豆秸、油菜秸等作物秸秆直接还田作为肥料。

【内容解读】

　　本定义以举例的方式解释了作为肥料使用的秸秆，此处的秸秆主要指以直接还田方式作为肥料使用的秸秆。目前，作为肥料使用的秸秆主要有麦秸、稻草、玉米秸、豆秸、油菜秸等。

　　秸秆本身是植物残体，是一种原始物料未经发酵直接作为肥料使用，不同于常规意义上经过发酵腐熟等生产加工程序的肥料，在使用方法上应深翻覆土，并且配合使用氮肥。在这里把秸秆归类在农家肥料，是因为它与其他农家肥料品种有相似的性质，另外，也是为了方便表述和管理。

【标准原文】

3.3.2

　　绿肥　green manure

　　新鲜植物体作为肥料就地翻压还田或异地施用。主要分为豆科绿肥和非豆科绿肥两大类。

【内容解读】

　　绿肥是新鲜植物体未经发酵直接作为肥料使用。由于新鲜植物体还田后腐解较快，通常不会影响后茬作物种植，在使用方法上应翻压覆土。从植物分类的角度列举了豆科绿肥和非豆科绿肥两大类别。

　　由于豆科植物体内的根瘤菌具有生物固氮作用，能够把空气中植物不能直接利用的氮气转化为植物可以利用的氨态氮。所以从常规意义上来讲，豆科绿肥优于非豆科绿肥，不仅可以增加土壤碳素，还可以增加土壤氮素。

【标准原文】

3.3.3

厩肥 barnyard manure

圈养牛、马、羊、猪、鸡、鸭等畜禽的排泄物与秸秆等垫料发酵腐熟而成的肥料。

【内容解读】

本定义以列举方式说明厩肥，即以圈养牛、马、羊、猪、鸡、鸭等畜禽的排泄物与秸秆等垫料发酵腐熟而成。厩肥富含有机质和各种营养元素。各种畜粪中，以羊粪的氮、磷、钾含量高，猪、马粪次之，牛粪最低；排泄量则牛粪最多，猪、马粪次之，羊粪最少。垫圈材料有秸秆、杂草、落叶、泥炭和干土等。厩肥分圈内积制（将垫圈材料直接撒入圈舍内吸收粪尿）和圈外积制（将牲畜粪尿清出圈舍外与垫圈材料逐层堆积）。经嫌气分解腐熟。在积制期间，其化学组分受微生物的作用而发生变化。

【标准原文】

3.3.4

堆肥 compost

动植物的残体、排泄物等为主要原料，堆制发酵腐熟而成的肥料。

【内容解读】

堆肥是农家肥料的主要品种，堆肥的生产原料来源多样，主要是动植物残体、排泄物等富含有机物的材料；堆肥一定要通过堆制，经过发酵腐熟才能成为可以直接使用的肥料；堆肥发酵以微生物好氧发酵为主，物料分解放热可以达到 55℃ 以上；经高温发酵后，堆肥原料中的病原菌、蛔虫卵、杂草籽、残留农药等大大减少。

【标准原文】

3.3.5

沤肥 waterlogged compost

动植物残体、排泄物等有机物料在淹水条件下发酵腐熟而成的肥料。

【内容解读】

沤肥原料来源多样,主要是动植物残体、排泄物等富含有机物的材料;沤肥发酵以微生物厌氧发酵为主。

【标准原文】

3.3.6

沼肥　biogas fertilizer

动植物残体、排泄物等有机物料经沼气发酵后形成的沼液和沼渣肥料。

【内容解读】

沼肥是沼气发酵的副产品,其生产原料主要来源于动植物残体、排泄物等富含有机物的材料,沼肥发酵以微生物厌氧发酵为主,沼肥包括沼液和沼渣。

【标准原文】

3.3.7

饼肥　cake fertilizer

含油较多的植物种子经压榨去油后的残渣制成的肥料。

【内容解读】

饼肥的生产原料是植物种子,其生产过程是植物种子机械压榨脱油;饼肥的实质是植物种子脱油后的剩余物,通常蛋白质含量较高;饼肥是一种原始物料,未经发酵直接作为肥料使用,应注意使用方法,避免烧苗。

农家肥料不是商品肥料,目前没有国家标准或行业标准。但农家肥料原料来源广、数量大,容易得到,肥料制作简便实用,加之我国有使用农家肥料的悠久历史。因此,把农家肥料列入绿色食品用肥。

这里所说的农家肥料主要指有一定生产规模的农场自制肥料用于绿色食品生产。由于农家肥料是自制自用的肥料,目前没有产品标准,NY/T 394—2013 参考国家有关标准对其有害物含量做了规定:

(1) 重金属限量指标

应符合表 2-1。

表 2-1 农家肥料重金属限量指标

序号	项 目	限量指标 (mg/kg)
1	总砷 (As) (以烘干基计算)	≤15
2	总汞 (Hg) (以烘干基计算)	≤2
3	总铅 (Pb) (以烘干基计算)	≤50
4	总镉 (Cd) (以烘干基计算)	≤3
5	总铬 (Cr) (以烘干基计算)	≤150

(2) 粪大肠菌群数、蛔虫卵死亡率

应符合表 2-2。

表 2-2 农家肥料粪大肠菌群数、蛔虫卵死亡率限量指标

序号	项 目	限量指标
1	粪大肠菌群数	≤100 个/g (mL)
2	蛔虫卵死亡率	≥95%

【标准原文】

3.4

有机肥料 organic fertilizer

主要来源于植物和(或)动物,经过发酵腐熟的含碳有机物料,其功能是改善土壤肥力、提供植物营养、提高作物品质。

【内容解读】

该定义引自《有机肥料》(NY 525—2012),有机肥料的生产原料主要来源于植物和(或)动物;有机肥料的生产原料富含有机碳,产品必须经过发酵腐熟;有机肥料所含有机质养分需要经过微生物的矿化作用才能被植物利用。有机肥料主要有三方面功能:改善土壤肥力、提供植物营养、提高作物品质。

《绿色食品 肥料使用准则》(NY/T 394—2013)中提到的有机肥料是特指在市场上流通的商品有机肥料,其质量应达到《有机肥料》(NY 525—2012)规定的技术指标。

《有机肥料》(NY 525—2012)规定了商品有机肥料的技术要求、试验方法、检验规则、标识、包装、运输和贮存。适用于以畜禽粪便、动植

物残体和以动植物加工产品下脚料为原料，并经发酵腐熟后制成的有机肥料。不适用于农家肥料和其他由生产者自积自造的有机粪肥。

按照《有机肥料》（NY 525—2012）的标准，商品有机肥料应达到下列 4 项技术要求：

(1) 外观颜色

褐色或灰褐色，粒状或粉状，均匀，无恶臭，无机械杂质。

(2) 技术指标

应符合表 2-3。

表 2-3　商品有机肥料技术指标

序号	项　目	指　标
1	有机质的质量分数（以烘干基计）	≥45%
2	总养分（$N+P_2O_5+K_2O$）的质量分数（以烘干基计）	≥5.0%
3	水分（鲜样）的质量分数	≤30%
4	酸碱度（pH）	5.5～8.5

(3) 重金属的限量指标

应符合表 2-4。

表 2-4　商品有机肥料重金属限量指标

序号	项　目	限量指标（mg/kg）
1	总砷（As）（以烘干基计算）	≤15
2	总汞（Hg）（以烘干基计算）	≤2
3	总铅（Pb）（以烘干基计算）	≤50
4	总镉（Cd）（以烘干基计算）	≤3
5	总铬（Cr）（以烘干基计算）	≤150

(4) 蛔虫卵死亡率和粪大肠菌群数限量指标

应符合表 2-5。

表 2-5　商品有机肥料蛔虫卵死亡率和粪大肠菌群数限量指标

序号	项　目	限量指标
1	粪大肠菌群数	≤100 个/g（mL）
2	蛔虫卵死亡率	≥95%

其中，技术指标、重金属的限量指标、蛔虫卵死亡率和粪大肠菌群数限量指标为强制性条款。

《有机肥料》（NY 525—2012）详细规定了商品有机肥料外观、有机质、总氮、磷、钾、水分、酸碱度、重金属、蛔虫卵死亡率、粪大肠菌群数的试验方法。

（1）外观

采用目视、鼻嗅进行测定。

（2）有机质含量测定（重铬酸钾容量法）

①方法原理：用定量重铬酸钾—硫酸溶液加热氧化有机肥料样品中的有机碳，然后用硫酸亚铁标准溶液滴定多余的重铬酸钾，同时以二氧化硅代替样品做空白对照。根据重铬酸钾的消耗量计算有机碳含量，乘以系数 1.724 即为样品有机质含量。

②检测试剂：

二氧化硅，粉末状。

硫酸，密度 1.84 g/mL。

重铬酸钾（$K_2Cr_2O_7$）标准溶液：将重铬酸钾（基准试剂）在 130℃烘 3～4 h，准确称取 4.903 1 g 定容至 1 000 mL，终浓度为 0.1 mol/L。

重铬酸钾（$K_2Cr_2O_7$）测试溶液：称取重铬酸钾（分析纯）39.23 g 定容至 1 000 mL，终浓度为 0.8 mol/L。

邻啡啰啉指示剂：称取 $FeSO_4 \cdot 7H_2O$（分析纯）0.695 g 和邻啡啰啉（分析纯）1.485 g 溶于 100 mL 水，密闭保存于棕色瓶中。

硫酸亚铁（$FeSO_4$）标准溶液：称取 $FeSO_4 \cdot 7H_2O$（分析纯）55.60 g 于 900 mL 水中，加硫酸（密度 1.84 g/mL）20 mL 溶解，定容至 1 000 mL，终浓度约为 0.2 mol/L；此溶液的准确浓度用上述重铬酸钾标准溶液标定，现用现标定。

硫酸亚铁（$FeSO_4$）标准溶液标定：取重铬酸钾标准溶液（0.1 mol/L）20.00 mL 加入 150 mL 三角瓶中，加硫酸（密度 1.84 g/mL）3～5 mL 和邻啡啰啉指示剂 2～3 滴，用硫酸亚铁标准溶液滴定。按照公式（2-1）计算硫酸亚铁标准溶液的准确浓度 c。

$$c = c_1 \times V_1 \div V_2 \qquad (2-1)$$

式中：c_1——重铬酸钾标准溶液浓度，单位为摩尔每升（mol/L）；

V_1——重铬酸钾标准溶液体积，单位为毫升（mL）；

V_2——滴定时消耗硫酸亚铁标准溶液体积，单位为毫升（mL）。

③测定步骤：先制备试样溶液，将样品风干，粉碎，过 1 mm 筛。称取 0.2～0.5 g（精确至 0.000 1 g），置于 500 mL 三角瓶中，加入上述 0.8 mol/L 重铬酸钾 50.0 mL，再加入浓硫酸（密度 1.84 g/mL）50.0 mL，加小漏斗，置于沸水中保持 30 min。取出冷却至室温，用少量水洗涤小漏斗，承接洗液于三角瓶中。将三角瓶中反应液定容至 250 mL，吸取 50.0 mL 移至 250 mL 三角瓶，加水至约 100 mL，加入邻啡啰啉指示剂 2～3 滴，然后用上述 0.2 mol/L 硫酸亚铁标准溶液滴定。近终点时，溶液由绿色变成暗绿色，继续滴加硫酸亚铁标准溶液至生成砖红色。同时，称取 0.2 g（精确至 0.001 g）二氧化硅代替试样，按照上述相同步骤进行空白对照实验。

如果滴定试样所用硫酸亚铁标准溶液的数量不到空白对照实验所用硫酸亚铁标准溶液数量的 1/3，则应减少称样量，重新测定。

④结果计算：有机肥料的有机质含量以质量分数（烘干基）ω 表示，按公式（2-2）计算。

$$\omega = c \times (V_0 - V) \times 0.001 \times 3 \times 1.5 \times 1.724 \times D \times 100 \div [m \times (1 - x_0)]$$
$$= 0.7758cD(V_0 - V) / [m(1 - x_0)] \qquad (2-2)$$

式中：c——硫酸亚铁标准溶液标定浓度，单位为摩尔每升（mol/L）；

V_0——空白对照实验消耗硫酸亚铁标准溶液体积，单位为毫升（mL）；

V——测定样品消耗硫酸亚铁标准溶液体积，单位为毫升（mL）；

0.001——消耗硫酸亚铁标准溶液体积由毫升换算为升；

3——四分之一碳原子摩尔当量，单位为克每摩尔（g/mol）；

1.5——氧化校正系数；

1.724——有机碳换算有机质系数；

D——滴定过程分取倍数（定容体积/分取体积；250 mL/50 mL）；

100——换算成百分数；

m——风干样品质量，单位为克（g）；

x_0——风干样品含水率，单位为百分率（%）。

结果保留两位小数。

⑤允许误差：样品检测结果取平行分析结果的算术平均值。平行分析结果允许误差范围视样品有机质含量要求绝对误差小于 2%。具体分为 3 个档次，分别为 1.0%、1.5% 和 2.0%，分别对应样品有机质含量 40% 以下、40%～55% 和 55% 以上。

(3) 总氮含量测定

①方法原理：用硫酸—过氧化氢消煮有机肥料，使其中的有机氮转化为铵态氮，在碱性条件下蒸馏，并且用硼酸溶液吸收蒸出的氨，然后用标准酸溶液滴定，计算样品含氮量。

②检测试剂：

硫酸，密度 1.84 g/mL。

30％过氧化氢。

40％（m/V）氢氧化钠溶液：称取 40 g 氢氧化钠（化学纯）溶于 100 mL 水。

2％（m/V）硼酸溶液：称取 20 g 硼酸（分析纯）溶于 1 000 mL 水。

定氮混合指示剂：称取 0.5 g 溴甲酚绿和 0.1 g 甲基红溶于 100 mL 95％乙醇。

硼酸—指示剂混合液：上述 2％硼酸溶液 1 000 mL 加入定氮混合指示剂 20 mL，用稀碱或稀酸调至红紫色（约 pH 4.5）。该溶液现用现配。

标准酸溶液配制与标定（按照 GB/T 601）：

标准盐酸 c（HCl）0.05 mol/L 滴定溶液的配制与标定：

配制：取 4.5 mL 分析纯盐酸加入到 1 000 mL 蒸馏水中，摇匀。

标定：将分析纯无水碳酸钠在 270～300℃灼烧至恒重，用分析天平称取 0.1 g（精确至 0.000 1 g），溶于 50.0 mL 水中，加入 5 滴溴甲酚绿—甲基红指示剂，用上述 c（HCl）0.05 mol/L 标准盐酸滴定至溶液由绿色变为暗红色，煮沸 2 min，冷却后继续滴定至溶液再呈暗红色。同时，做空白试验。

标准盐酸 c（HCl）0.05 mol/L 滴定溶液的准确浓度按公式（2-3）计算。

$$c（HCl，mol/L）= m×1000÷\left[（V_1-V_2）×52.994\right]$$

$$（2-3）$$

$$= 18.870×m÷（V_1-V_2）$$

式中：m——消耗无水碳酸钠质量，单位为克（g）；

$\quad\quad V_1$——标定实验消耗标准盐酸溶液体积，单位为毫升（mL）；

$\quad\quad V_2$——空白试验消耗标准盐酸溶液体积，单位为毫升（mL）；

$\quad\quad$52.994——无水碳酸钠的摩尔当量（$1/2Na_2CO_3$，52.994 g/mol）；

$\quad\quad$1 000——将毫升换算成升。

标准硫酸 c（$1/2H_2SO_4$）0.05 mol/L 滴定溶液的配制与标定：

配制：取 1.5 mL 分析纯浓硫酸加入到 1 000 mL 蒸馏水中，摇匀。

标定：将分析纯无水碳酸钠在 270～300℃灼烧至恒重，用分析天平称取 0.1 g（精确至 0.000 1 g），溶于 50.0 mL 水中，加入 5 滴溴甲酚绿—甲基红指示剂，用上述 c（$1/2H_2SO_4$）0.05 mol/L 标准硫酸滴定至溶液由绿色变为暗红色，煮沸 2 min，冷却后继续滴定至溶液再呈暗红色。同时，做空白试验。

标准硫酸 c（$1/2H_2SO_4$）0.05 mol/L 滴定溶液的准确浓度按公式（2-4）计算。

$$c(1/2H_2SO_4, mol/L) = m \times 1000 \div [(V_1 - V_2) \times 52.994]$$
$$= 18.870 \times m \div (V_1 - V_2) \qquad (2-4)$$

式中：m——消耗无水碳酸钠质量，单位为克（g）；

V_1——标定实验消耗标准硫酸溶液体积，单位为毫升（mL）；

V_2——空白试验消耗标准硫酸溶液体积，单位为毫升（mL）；

52.994——无水碳酸钠的摩尔当量（$1/2Na_2CO_3$，52.994 g/ mol）；

1 000——将毫升换算成升。

③测定步骤：

制备试样溶液：将样品风干，粉碎，过 1 mm 筛。称取 0.5～1.0 g（精确至 0.000 1 g），置于凯氏烧瓶底部，加入浓硫酸（密度 1.84 g/mL）5 mL 和 30%过氧化氢 1.5 mL，小心摇匀，加小漏斗，放置过夜。在可调电炉上缓慢升温度至硫酸冒烟，取下，稍冷后加入过氧化氢 15 滴，轻轻摇动凯氏烧瓶。继续加热 10 min，取下，稍冷后加入过氧化氢 5～10 滴，轻轻摇动凯氏烧瓶。如此重复，分次消煮样品，直至消煮液呈无色或淡黄色清液。继续加热 10 min，去除剩余的过氧化氢。取下冷却，小心加水至 20～30 mL，加热至沸。取下冷却，将消煮液定容至 100 mL。

空白溶液制备：除不加试样外，其他操作同试样溶液制备。

取试样溶液 50.0 mL 于蒸馏瓶中，加热 200 mL 水，安装在蒸馏装置上。于 250 mL 三角瓶中加入 10 mL 硼酸—指示剂混合液，承接于蒸馏器冷凝管出口，管口插入硼酸液面中吸收蒸出的氨气。向蒸馏瓶中缓缓加入 15 mL 上述 40%氢氧化钠溶液，连接好蒸馏瓶保持气密性，加入开始蒸馏，至馏出液体积约 100 mL。

用 0.05 mol/L 硫酸或盐酸标准溶液滴定馏出液，滴定液由蓝色变为紫红色为滴定终点。记录标准酸溶液用量。

空白测定消耗标准酸溶液不得超过 0.1 mL，否则重新测定。

④结果计算：有机肥料的总氮含量以质量分数（烘干基）N 表示，

按公式（2-5）计算。

$$N = c \times (V - V_0) \times 0.001 \times 14 \times D \div [m \times (1 - x_0)] \times 100$$
$$= 1.4cD (V - V_0) / [m (1 - x_0)] \qquad (2-5)$$

式中：c——盐酸（或硫酸）标准溶液的标定浓度，单位为摩尔每升（mol/L）；

   V_0——空白对照实验消耗盐酸（或硫酸）标准溶液的体积，单位为毫升（mL）；

   V——测定样品消耗盐酸（或硫酸）标准溶液的体积，单位为毫升（mL）；

   0.001——消耗盐酸（或硫酸）标准溶液的体积由毫升换算为升；

   14——氮原子摩尔质量，单位为克每摩尔（g/mol）；

   D——滴定过程分取倍数（定容体积/分取体积；100 mL/50 mL）；

   m——风干样品质量，单位为克（g）；

   x_0——风干样品含水率，单位为百分率（%）；

   100——换算成百分数。

结果保留两位小数。

⑤允许误差：样品检测结果取平行分析结果的算术平均值。平行分析结果允许误差范围视样品总氮含量要求绝对误差小于 0.06%。具体分 3 个档次 0.02%、0.04% 和 0.06%，分别对应样品总氮含量 0.50% 以下、0.50%～1.00% 和 1.00% 以上。

（4）总磷含量测定

①方法原理：用硫酸—过氧化氢消煮有机肥料，使其中的有机磷转化为磷酸根离子，然后与偏钒酸和钼酸反应形成黄色三元杂多酸，进一步通过比色分析测定磷的含量。

②检测试剂：

硫酸，密度 1.84 g/mL。

硝酸。

30% 过氧化氢。

钒钼酸铵试剂：

A 液：称取 25.0 g 钼酸铵溶于 400 mL 水。

B 液：称取 1.25 g 偏钒酸铵溶于 300 mL 沸水中，冷却后加入 250 mL 硝酸。

边搅拌边将 A 液缓缓注入 B 液，用水稀释至 1 000 mL，贮藏于棕色瓶中。

10%（m/V）氢氧化钠溶液：称取 10 g 氢氧化钠溶于 100 mL 水。

5%（v/V）硫酸：取 5 mL 硫酸（密度 1.84 g/mL）用水稀释至 100 mL。

0.2% 2，4-（或 2，6-）二硝基酚指示剂：0.2 g 2，4-（或 2，6-）二硝基酚溶于 100 mL 水。

磷（P）标准溶液配制：将磷酸二氢钾（基准试剂）在 105℃烘干 2 h，称取 0.219 5 g，溶解、转移至 1 L 容量瓶，加入 5 mL 硫酸（密度 1.84 g/mL），冷却后定容至 1 L。该溶液含磷（P）50 μg/mL。

③测定步骤：

试样溶液制备：将样品风干，粉碎，过 1 mm 筛。称取 0.5～1.0 g（精确至 0.000 1 g），置于凯氏烧瓶底部，加入浓硫酸（密度 1.84 g/mL）5 mL 和 30%过氧化氢 1.5 mL，小心摇匀，加小漏斗，放置过夜。在可调电炉上缓慢升温度至硫酸冒烟，取下，稍冷后加入过氧化氢 15 滴，轻轻摇动凯氏烧瓶。继续加热 10 min，取下，稍冷后加入过氧化氢 5～10滴，轻轻摇动凯氏烧瓶。如此重复，分次消煮样品，直至消煮液呈无色或淡黄色清液。继续加热 10 min，去除剩余的过氧化氢。取下冷却，小心加水至 20～30 mL，加热至沸。取下冷却，将消煮液定容至 100 mL。

空白溶液制备：除不加试样外，其他操作同试样溶液制备。

磷（P）标准曲线绘制：吸取磷标准溶液 0 mL、1.0 mL、2.5 mL、5.0 mL、7.5 mL、10.0 mL、15.0 mL 分别置于 50 mL 容量瓶中，分别加入与吸取试样溶液等体积的空白溶液，加水至 30 mL 左右，加 2 滴 0.2% 2，4-（或 2，6-）二硝基酚指示剂，用 10%（m/V）氢氧化钠溶液和 5%（v/V）硫酸调节溶液刚呈微黄色，加钒钼酸铵试剂 10.0 mL，摇匀，用水定容至 50 mL。此溶液为 1 mL 含磷（P）0 μg、1.0 μg、2.5 μg、5.0 μg、7.5 μg、10.0 μg、15.0 μg 的标准溶液系列。室温放置 20min 后，在波长 440 nm（以色分析波长选择根据磷浓度确定，见表 2-6）处用分光光度计进行比色分析，采用 1cm 光径比色皿，以空白溶液调节仪器零点，读取吸光度，根据磷浓度和吸光度绘制标准曲线（回归方程）。

表 2-6　比色分析波长选择

磷（μg/mL）	0.75～5.5	2～15	4～17	7～20
波长（nm）	400	440	470	490

试样测定：取试样溶液 5.00～10.00 mL（含磷 0.05～1.0 mg）于 50

mL 容量瓶中，加水至 30 mL 左右，加 2 滴 0.2％ 2，4 -（或 2，6 -）二硝基酚指示剂，用 10％（m/V）氢氧化钠溶液和 5％（v/V）硫酸调节溶液刚呈微黄色，加钒钼酸铵试剂 10.0 mL，摇匀，用水定容至 50 mL。与磷（P）标准曲线绘制同条件显色、比色，读取吸光度。

④结果计算：有机肥料的总磷含量 P_2O_5 以质量分数（烘干基）表示，按公式（2 - 6）计算。

$$P_2O_5 = c \times V \times 2.29 \times 0.000001 \times D \div [m \times (1 - x_0)] \times 100$$
$$= 2.29 \times 10^{-4} cVD / [m(1 - x_0)] \qquad (2 - 6)$$

式中：c——由标准曲线得到的样品显色液磷浓度，单位为微克每毫升（$\mu g/mL$）；

　　　　V——样品显色液体积（50 mL）；

　　2.29——将磷（P）换算成 P_2O_5 因数；

　0.000 001——将微克换算为克；

　　　　D——分取倍数［定容体积/分取体积；即 100 mL/（5.00～10.00）mL］；

　　　　m——风干样品质量，单位为克（g）；

　　　　x_0——风干样品含水率，单位为百分率（％）；

　　　100——换算成百分数。

结果保留两位小数。

⑤允许误差：检测结果取平行分析结果的算术平均值。平行分析结果允许误差范围视样品总磷含量要求绝对误差小于 0.04％。具体分 3 个档次 0.02％、0.03％ 和 0.04％，分别对应样品总磷含量 0.50％ 以下、0.50％～1.00％ 和 1.00％ 以上。

（5）总钾含量测定

①方法原理：用硫酸—过氧化氢消煮有机肥料，使其中的钾转化为离子态，稀释后用火焰光度计测定。在一定浓度范围内，溶液中钾离子浓度与发光强度呈正比。

②检测试剂：

硫酸，密度 1.84 g/mL。

30％过氧化氢。

钾标准贮备溶液：将氯化钾（基准试剂）在 100℃ 烘 2 h，称取 1.906 7 g，溶解、定容至 1 L。该溶液含钾（K）1 mg/mL，贮存于塑料瓶中。

钾标准溶液：取钾标准贮备溶液 10.00 mL 定容至 100 mL，该溶液含钾（K）100 $\mu g/mL$。

③测定步骤：

试样溶液制备：将样品风干，粉碎，过 1 mm 筛。称取 0.5～1.0 g（精确至 0.000 1 g），置于凯氏烧瓶底部，加入浓硫酸（密度 1.84 g/mL）5 mL 和 30%过氧化氢 1.5 mL，小心摇匀，加小漏斗，放置过夜。在可调电炉上缓慢升温度至硫酸冒烟，取下，稍冷后加入过氧化氢 15 滴，轻轻摇动凯氏烧瓶。继续加热 10 min，取下，稍冷后加入过氧化氢 5～10滴，轻轻摇动凯氏烧瓶。如此重复，分次消煮样品，直至消煮液呈无色或淡黄色清液。继续加热 10 min 去除剩余的过氧化氢。取下冷却，小心加水至 20～30 mL，加热至沸。取下冷却，将消煮液定容至 100 mL。

空白溶液制备：除不加试样外，其他操作同试样溶液制备。

钾（K）标准曲线绘制：吸取钾（K）标准溶液 0 mL、1.0 mL、2.5 mL、5.0 mL、7.5 mL、10.0 mL 分别置于 50 mL 容量瓶中，分别加入与吸取试样溶液等体积的空白溶液，加水定容至 50 mL。此溶液为 1 mL含钾（K）0 μg、2.00 μg、5.00 μg、10.00 μg、15.00 μg、20.00 μg 的标准溶液系列。在火焰光度计上，以空白溶液调节仪器零点，以标准溶液系列中最高浓度的标准溶液调节满度至 80 分度处。再依次由低浓度至高浓度测量其他标准溶液，记录仪器示值。根据钾浓度和仪器示值绘制标准曲线，求出直线回归方程。

④试样测定：吸取 5.00 mL 试样溶液于 50 mL 容量瓶中，用水定容。与标准溶液系列同条件在火焰光度计上测定、记录仪器示值。每测定 5 个样品后须用钾标准溶液校正仪器。

⑤结果计算：有机肥料的总钾含量（K_2O）以质量分数（烘干基）表示，按公式（2-7）计算。

$$K_2O = c \times V \times 1.20 \times 0.000001 \times D \div [m \times (1-x_0)] \times 100$$
$$= 1.2 \times 10^{-4} cVD / [m(1-x_0)] \qquad (2-7)$$

式中：c——由标准曲线得到的样品测定液钾（K）浓度，单位为微克每毫升（μg/mL）；

V——样品测定液体积（50 mL）；

1.20——将钾（K）换算成氧化钾（K_2O）的因数；

0.000 001——将微克换算为克；

D——分取倍数（定容体积/分取体积；即 100 mL/5.00 mL）；

m——风干样品质量，单位为克（g）；

x_0——风干样品含水率，单位为百分率（%）；

100——换算成百分数。

结果保留两位小数。

⑥允许误差：检测结果取平行分析结果的算术平均值。平行分析结果允许误差范围视样品总钾含量要求绝对误差小于 0.12%，具体分 4 个档次 0.05%、0.07%、0.09% 和 0.12%，分别对应样品总钾含量 0.60% 以下、0.60%～1.20%、1.20%～1.80% 和 1.80% 以上。

【标准原文】

3.5

微生物肥料 microbial fertilizer

含有特定微生物活体的制品，应用于农业生产，通过其中所含微生物的生命活动，增加植物养分的供应量或促进植物生长，提高产量，改善农产品品质及农业生态环境的肥料。

【内容解读】

微生物肥料定义引自《微生物肥料术语》（NY/T 1113—2006）。

微生物肥料与无机肥料（化肥）、有机肥料并列，是我国具有严格产品质量标准、规范登记许可管理的三大类肥料之一。微生物肥料目前包括《农用微生物菌剂》（GB 20287）、《生物有机肥》（NY 884）、《复合微生物肥料》（NY/T 798）3 种主要产品类型。微生物肥料的功能核心是其中的活体微生物，产品所含的载体物质、添加剂等只起到辅助作用；微生物肥料的功能是通过其中所含微生物的生命活动来实现的，因此，功能菌株是微生物肥料的技术核心。微生物肥料不同于其他直接提供养分的肥料，以功能菌数量而不是以养分含量作为主要技术指标。微生物肥料的功能除增加植物养分这一基本功能之外，还具有促进植物生长、提高农产品品质、改善农业生态环境等多种功能。由于微生物肥料功能菌株的多样性，微生物肥料在产品类型、功能特性、作用机制、应用方法等各个方面都比化肥复杂很多。微生物肥料与无机肥料（化肥）、有机肥料是农业生产中不可或缺的 3 类肥料，各有优势，各有不足，相互不可替代，配合使用才能收到好的效果。

【相关阅读】

生物固氮是具有固氮酶的细菌把空气中植物不能直接利用的氮气转化成植物可以利用的氨的现象。根据微生物与植物的关系，生物固氮可以分为共生固氮、联合固氮和自生固氮 3 种类型。共生固氮包括：①根瘤菌与豆科植物共生，②弗兰克氏菌与非豆科植物乔木或灌木共生，③蓝细菌与真菌、苔藓、蕨类植物共生。共生固氮体系中微生物与植物的关系很密切，相互依赖程度较高，并且形成了如根瘤、异型胞等特殊的固氮结构。联合固氮是指某些固氮微生物定居于根圈、根表，甚至进入根内，以植物分泌物为营养，同时可以固定空气中的氮素供自己和植物利用，并分泌生长激素，促进植物生长。自生固氮则是固氮微生物独立于植物，自行将空气中的氮转化成氨，供自身营养。在这三大固氮体系中，根瘤菌共生固氮体系是国内外公认的高效固氮体系，根瘤菌菌剂是固氮效率较高的微生物肥料，多年来在我国的豆类作物、豆科牧草和豆科绿肥生产中发挥了巨大作用。由于固氮机理和固氮体系的限制，根瘤菌只与豆科作物进行共生固氮，要想通过生物固氮为水稻、玉米、小麦、棉花、蔬菜、果树等主要农作物（属于非豆科）提供氮素养分，在自生固氮和联合固氮体系中选育高效固氮微生物菌种是目前条件下比较快速可行的途径（孙建光等，2009）。

人们通过各种技术手段，从自然界筛选到固氮能力较强的细菌，称为高效固氮菌。高效固氮菌经工厂化大量发酵培养，进一步与其他富含植物营养的物料复合加工成生物制品，应用于农业生产，可以提供作物氮素营养，改善作物根际生态环境，提高土壤生物肥力性状，这就是通常所说的固氮微生物菌剂或固氮微生物肥料。固氮微生物肥料是节省资源、环境友好、符合可持续发展生态农业要求的新型肥料，世界各国政府和学者对固氮微生物肥料的研究和应用都予以高度重视。自生固氮和联合固氮较共生固氮的应用范围更广泛，可为水稻、玉米、小麦、棉花、蔬菜、果树等主要农作物（属于非豆科）提供氮素养分，是目前最有前景的微生物肥料品种之一（孙建光等，2009）。

【标准原文】

3.6

有机—无机复混肥料　organic-inorganic compound fertilizer
含有一定量有机肥料的复混肥料。

注：其中复混肥料是指，氮、磷、钾三种养分中，至少有两种养分标明量的由化学方法和（或）掺混方法制成的肥料。

【内容解读】

有机—无机复混肥料和复混肥料定义引自《有机—无机复混肥料》（GB 18877—2009）。有机—无机复混肥料是含有一定量有机肥料的复混肥料。按照《有机—无机复混肥料》（GB 18877—2009）中的要求，有机—无机复混肥料对其中有机肥料含量的规定是有机质不得低于15％；本定义中的"有机肥料"与标准中 3.4 定义的"有机肥料"含义相同。

【标准原文】

3.7

无机肥料　inorganic fertilizer

主要以无机盐形式存在，能直接为植物提供矿质营养的肥料。

【内容解读】

本定义引自《肥料和土壤调理剂　术语》（GB/T 6274）。无机肥料又称矿物肥料，在形态上主要以无机盐形式存在，就是通常所说的化肥。无机肥料通常由物理和（或）化学工业方法制成，可溶于水，直接为植物提供矿质营养。尿素、氨基酸肥料、腐殖酸肥料、硫黄、氰氨化钙等在分子结构上属于有机物，但习惯上归作无机肥料。目前，常见的无机肥料有硫酸铵、尿素、硝酸铵、磷酸铵（磷酸一铵、磷酸二铵）、氰氨化钙、硝酸磷肥、过磷酸钙、硫酸钾、硝酸钾、氯化钾、氯化铵、碳酸氢铵、钙镁磷肥、磷酸二氢钾、微量元素肥料、大量元素水溶肥料、微量元素水溶肥料、含腐殖酸水溶肥料、含氨基酸水溶肥料以及上述原料生产的复混肥料、掺混肥料。

【标准原文】

3.8

土壤调理剂　soil amendment

加入土壤中用于改善土壤的物理、化学和（或）生物性状的物料，功能包括改良土壤结构、降低土壤盐碱危害、调节土壤酸碱度、改善土壤水分状况、修复土壤污染等。

【内容解读】

本定义根据《肥料和土壤调理剂　术语》（GB/T 6274）修改。土壤调理剂的作用是改善土壤的物理、化学和（或）生物性状，不考虑营养特性；其主要功能包括改良土壤结构、降低土壤盐碱危害、调节土壤酸碱度、改善土壤水分状况和修复土壤污染等。

2.5 肥料使用原则

【标准原文】

4 肥料使用原则

4.1 持续发展原则。绿色食品生产中所使用的肥料应对环境无不良影响，有利于保护生态环境，保持或提高土壤肥力及土壤生物活性。

4.2 安全优质原则。绿色食品生产中应使用安全、优质的肥料产品，生产安全、优质的绿色食品。肥料的使用应对作物（营养、味道、品质和植物抗性）不产生不良后果。

4.3 化肥减控原则。在保障植物营养有效供给的基础上减少化肥用量，兼顾元素之间的比例平衡，无机氮素用量不得高于当季作物需求量的一半。

4.4 有机为主原则。绿色食品生产过程中肥料种类的选取应以农家肥料、有机肥料、微生物肥料为主，化学肥料为辅。

【内容解读】

本节从绿色食品"安全、优质、环保、可持续发展"的基本理念出发，对绿色食品生产用肥的基本原则进行了总结和概况，即持续发展原则、安全优质原则、化肥减控原则、有机为主原则。上述原则是绿色食品生产中肥料使用的基本指导原则，不仅对绿色食品生产用肥，而且对整个农业生产用肥都具有普遍指导意义。

（1）持续发展原则

重点阐述绿色食品生产用肥对生态环境影响问题。强调绿色食品生产中所使用的肥料应对环境无不良影响，有利于保护生态环境，保持或提高土壤肥力及土壤生物活性。

肥料是农业生产中最重要的投入品之一。多年来，由于过度依赖化肥，长期大量、不合理地使用化肥，导致农产品质量下降、农田土壤退化、农业生态环境恶化。此外，化肥生产消耗大量的资源和能源，特别是化学氮肥生产以大量消耗石油、天然气和煤炭等石化能源为代价，能源成本占到直接生产成本的70％以上。由于这些资源无法再生，所以这种依赖石化资源的农业生产模式是不可持续的。循环经济型生态农业强调农业资源的循环可持续利用，注重优质高产，在农业生产的同时培肥土壤，提高耕地质量，保护农业生态环境，实现农业可持续发展。

持续发展原则，就是站在宏观战略高度，以整个农业生产安全、长久的思想为本，秉持"循环经济、生态农业"的理念，通过倡导秸秆还田、增施有机肥料、提倡微生物肥料、减控化肥等具体措施，实现优质高产、培肥土壤、保护农田生态环境和农业可持续发展的目标。

（2）安全优质原则

突出体现的是绿色食品"安全、优质"的本质要求。安全优质要求分别从两方面阐释：一是强调绿色食品生产中所选用的肥料产品应是符合相关标准的安全、优质的肥料；二是强调使用这些肥料生产安全、优质的绿色食品，这些肥料的使用应按照科学的方法，对作物本身的营养、口味、品质以及植物抗性等不产生不良后果。正是根据这一基本原则，标准中对肥料产品质量提出了要求，并确定了绿色食品不可使用的肥料种类。

（3）化肥减控原则

是落实上述持续发展原则、安全优质原则的具体措施保障。农业生产过度依赖化肥，长期大量、不合理地使用化肥，已经对农产品质量、农田土壤和农业生态环境造成了很大的危害，化肥减控原则就是要在保证作物需肥量的基础上，通过减少化肥用量，增加农家肥料、有机肥料和微生物肥料的用量，逐步改善农产品质量、农田土壤和农业生态环境。具体操作上，按照当季作物需要氮肥量进行核算，要求化学氮肥用量不得超过作物需求量的一半，另外的氮量由有机肥料补充，并根据氮肥量和作物特性兼顾氮磷钾肥的配比。

（4）有机为主原则

是落实持续发展原则、安全优质原则的具体措施保障。同时也是应对化肥减控原则的具体措施。按照绿色食品的安全、优质和环保的生产理念，减少化肥的使用必然需要用有机肥料来供给作物生长的养分需求，从而决定了绿色食品生产有机类肥料为主的原则。这里所说的有机类肥料不单指有机肥料，而是指本标准所定义的农家肥料、有机肥料、微生物肥料。

2.6　可使用的肥料种类

【标准原文】

5.1　AA级绿色食品生产可使用的肥料种类

可使用3.3、3.4、3.5规定的肥料。

【内容解读】

本节规定了AA级绿色食品生产可使用的肥料种类，包括："3.3　农家肥料"、"3.4　有机肥料"和"3.5　微生物肥料"。不能使用"3.6　有机—无机复混肥料"、"3.7　无机肥料"、"3.8　土壤调理剂"。这个规定忠实维护了AA级绿色食品定义提出的要求："生产过程不使用化学合成的肥料、农药、生长调节剂、兽药、饲料添加剂等物质。"

【标准原文】

5.2　A级绿色食品生产可使用的肥料种类

除5.1规定的肥料外，还可使用3.6、3.7规定的肥料及3.8土壤调理剂。

【内容解读】

本标准"5.2　A级绿色食品生产可使用的肥料种类"规定了A级绿色食品生产可使用的肥料有"3.3　农家肥料"、"3.4　有机肥料"、"3.5　微生物肥料"、"3.6　有机—无机复混肥料"、"3.7　无机肥料"以及"3.8　土壤调理剂"。这些品种基本上包括了目前肥料市场的所有主流品种，也就是说，A级绿色食品生产允许使用目前肥料市场的所有主流品种。那么，这里就有问题：与普通农产品使用的肥料品种完全一样，如何体现绿色食品与普通农产品的差别？如何保证绿色食品的安全优质？

这些问题可以从几个方面来说明：

①与普通农产品使用的肥料品种虽然一样，但绿色食品生产在肥料使用方法上有限制，如"4.3　化肥减控原则"、"4.4　有机为主原则"。

②绿色食品生产严格规定了"不应使用的肥料种类"。

③与普通农产品使用的肥料品种虽然一样，但绿色食品生产对肥料质量，特别是有害物质含量做了严格规定，如"7.2.2　农家肥料的使用按7.1.2的规定执行。肥料的重金属限量指标应符合NY 525的要求。"

④绿色食品生产使用的肥料品种与普通农产品使用的一样，但通过改进使用方法，就可以生产出安全优质的农产品，这正说明了本标准对于指导农业生产中肥料的使用具有普遍意义。

2.7　不应使用的肥料种类

【标准原文】

6　不应使用的肥料种类

6.1　添加有稀土元素的肥料。

6.2　成分不明确的、含有安全隐患成分的肥料。

6.3　未经发酵腐熟的人畜粪尿。

6.4　生活垃圾、污泥和含有害物质（如毒气、病原微生物、重金属等）的工业垃圾。

6.5　转基因品种（产品）及其副产品为原料生产的肥料。

6.6　国家法律法规规定不得使用的肥料。

【内容解读】

标准中明确规定了 6 类绿色食品生产中不应使用的肥料种类，这是绿色食品安全优质的重要保障。这里有几点需要说明：

（1）不允许使用"6.1　添加有稀土元素的肥料"

稀土元素不是植物必需的营养成分，虽然有研究表明稀土对部分作物有增产作用，但对于稀土肥料目前没有相关标准对其进行评价，无法认定其稀土含量和肥料的品质。2013 年 1 月 23 日，国务院办公厅印发了《关于近期土壤环境保护和综合治理工作安排的通知》，其中明令"禁止使用重金属等有毒有害物质超标的肥料，严格控制稀土农用"。另外，虽然稀土一般认为是低毒性的，但研究表明，进入人体或动物体内的稀土并不能完全排出，而是在内脏、骨骼中有一定的沉积，目前对于稀土在人体中作用的机理及后果尚不完全清楚，在《食品安全国家标准　食品中污染物限量》（GB 2762—2012）中将稀土作为污染物进行控制。因此，在绿色食品生产中对于稀土肥料采取慎重的态度予以禁用。

（2）不允许使用"6.3　未经发酵腐熟的人畜粪尿"

未经发酵腐熟的人畜粪尿主要有以下几种潜在危害：一是含有多种致病菌和寄生虫卵，可传播疾病、造成虫害等；二是如果未完全腐熟，施入土壤后，随着浇水会使未完全腐熟的粪肥继续发酵并释放热量，从而导致烧苗烧根；三是未腐熟的粪肥在土壤中慢慢发酵腐熟，会逐渐放出部分有害气体，如氨气、二氧化硫等，如果这些有害气体不能及时散出，会严重影响作物的生长，特别是如果在蔬菜大棚里，会引发严重的气害。因此，绿色食品禁止使用未经腐熟的人畜粪尿。

（3）不允许使用"6.5　转基因品种（产品）及其副产品为原料生产的肥料"

转基因农产品一直是一个饱受争议的话题，由于转基因的复杂性和影响的长远性，人们目前还无法证明转基因农产品的安全性。因此，绿色食品生产禁止使用"转基因品种（产品）及其副产品为原料生产的肥料"。

2.8　使用规定

在前面对绿色食品生产中肥料使用基本原则和可选用的肥料品种进行规定的基础上，标准第 7 章分别对 AA 级和 A 级绿色食品生产中如何使用肥料进行详细说明。

【标准原文】

7.1　AA 级绿色食品生产用肥料使用规定
7.1.1　应选用 5.1 所列肥料种类，不应使用化学合成肥料。

【内容解读】

按照"5.1　AA 级绿色食品生产可使用的肥料种类"规定，AA 级绿色食品生产可使用的肥料有"3.3　农家肥料"、"3.4　有机肥料"、"3.5　微生物肥料"，不允许使用其他化学合成肥料。同时，分别对允许使用的农家肥料、有机肥料和微生物肥料制定了具体的使用规定。

【标准原文】

7.1.2　可使用农家肥料，但肥料的重金属限量指标应符合 NY 525 的要求，粪大肠菌群数、蛔虫卵死亡率应符合 NY 884 的要求。宜使用秸秆和绿肥，配合施用具有生物固氮、腐熟秸秆等功效的微生物肥料。

【内容解读】

本条规定 AA 级绿色食品生产允许使用农家肥料，包括秸秆、绿肥、厩肥、堆肥、沤肥、沼肥、饼肥七大类。并对农家肥料的质量和使用方法进行了规定。质量要求上，重金属限量指标应符合《有机肥料》（NY 525）的要求，粪大肠菌群数、蛔虫卵死亡率应符合《生物有机肥》（NY 884）的要求（详见 2.2.4）；使用方法上，推荐使用秸秆和绿肥，并配合施用具有固氮、腐熟秸秆等功效的微生物肥料。

秸秆和绿肥本质上都是植物残体，秸秆主要有麦秸、稻草、玉米秸、豆秸、油菜秸等，通常是收获种子之后干的植物体；绿肥主要是传统作物品种之外的新鲜植物体，使用方法都是未经发酵，直接还田作为肥料使用。秸秆比较干燥，腐烂分解相对较慢，应深翻覆土，不影响下茬作物播种。此外，配合施用具有生物固氮、腐熟秸秆等功效的微生物肥料有助于秸秆还田后的腐烂分解和营养转化。

【标准原文】

7.1.3　有机肥料应达到 NY 525 技术指标，主要以基肥施入，用量视地力和目标产量而定，可配施农家肥料和微生物肥料。

【内容解读】

有机肥料同样从质量和使用方法两方面进行规定：质量要求上要达到《有机肥料》（NY 525）技术指标要求（详见 2.2.4）；使用方法上，强调有机肥料主要作为基肥施入，用量推荐测土配方施肥，要根据土壤肥力和作物目标产量而定，同时推荐配合施用农家肥料和微生物肥料。

【标准原文】

7.1.4　微生物肥料应符合 GB 20287 或 NY 884 或 NY/T 798 的要求，可与 5.1 所列其他肥料配合施用，用于拌种、基肥或追肥。

【内容解读】

本标准规定微生物肥料在质量要求上应符合《农用微生物菌剂》（GB 20287）、《生物有机肥》（NY 884）、《复合微生物肥料》（NY/T 798）中相关技术指标要求。在使用方法上，可与农家肥料、有机肥料配合施用，可用于拌种，也可用于基肥和追肥。

【相关阅读】

微生物肥料是促进土壤中物质、能量转化的核心因素，是提高土壤生物活性的肥源。通过菌种的抗病作用等功能营造有利于作物生长的根际环境，通过其自身的生命活动提高土壤活力、消除土壤污染、改善土壤生态环境，进而起到肥料效应。微生物肥料不仅具有营养效应，而且具有调节作物根际微生态环境、防治土传病害、消除土壤污染等非养分作用，是其他肥料种类不具备的作用，对于保障作物生产、充分发挥化肥和有机肥料的综合效应具有重要意义。

微生物肥料不同于传统意义上的肥料，它的功能核心是活的微生物菌体，通过菌体自身的生命活动起到肥料的作用，而不是依靠物料本身含有大量养分直接供给植物。所以，微生物肥料的菌株、机理、活性、研制、生产、应用、品种、质量、检测等都比有机肥料和无机肥料要复杂得多。由于微生物肥料的机理多样性和产品多样性，在使用上需要考虑应用地域、土壤类型、作物品种等，因为微生物肥料的功能核心是活体细胞，受到环境因素的影响更大一些。

目前，我国允许登记生产的微生物肥料主要有农用微生物菌剂、生物有机肥、复合微生物肥料三大类，对应的产品质量标准分别是《农用微生物菌剂》（GB 20287）、《生物有机肥》（NY 884）、《复合微生物肥料》（NY/T 798）。分别介绍如下：

（1）农用微生物菌剂

农用微生物菌剂是功能微生物菌种经过工厂化生产扩繁后加工制成的活菌制剂。它具有直接或间接改良土壤、恢复地力，维持根际微生物区系平衡，降解有毒、有害物质等作用；应用于农业生产，通过其中所含微生物的生命活动，增加植物养分的供应量或促进植物生长、改善农产品品质及农业生态环境。

按照所含微生物种类或产品功能特性，农用微生物菌剂包括：固氮菌菌剂、有机物料腐熟剂、促生菌剂、生物修复菌剂、根瘤菌菌剂、解磷类微生物菌剂、硅酸盐微生物菌剂、光合细菌菌剂、菌根菌菌剂等。按照产品剂型可分为液体、粉剂、颗粒等。

农用微生物菌剂的主要技术指标包括：

①农用微生物菌剂产品技术指标。见表 2-7。

②有机物料腐熟剂产品技术指标。见表 2-8。

③农用微生物菌剂产品无害化技术指标。见表 2-9。

表 2-7 农用微生物菌剂产品技术指标

序号	项 目	限 量 指 标		
		液体	粉剂	颗粒
1	有效活菌数[a] [cfu/mL（g）]	$\geqslant 2.0 \times 10^8$	$\geqslant 2.0 \times 10^8$	$\geqslant 1.0 \times 10^8$
2	霉菌杂菌数 [cfu/mL（g）]	$\leqslant 3.0 \times 10^6$	$\leqslant 3.0 \times 10^6$	$\leqslant 3.0 \times 10^6$
3	杂菌率（%）	$\leqslant 10$	$\leqslant 20$	$\leqslant 30$
4	水分（%）	—	$\leqslant 35$	$\leqslant 20$
5	细度（%）		$\geqslant 80$	$\geqslant 80$
6	pH	$5.0 \sim 8.0$	$5.5 \sim 8.5$	$5.5 \sim 8.5$
7	保质期[b]（月）	$\geqslant 3$	$\geqslant 6$	$\geqslant 6$

a 复合菌剂，每一种有效菌的数量不得少于 0.01×10^8 cfu/mL（g）；以单一胶质芽孢杆菌制成的粉剂产品，有效活菌数不得少于 1.2×10^8 cfu/g。

b 此项仅在监督部门或仲裁双方认为有必要时检测。

详见《农用微生物菌剂》（GB 20287—2006）附录三中主要技术指标。

表 2-8 有机物料腐熟剂产品技术指标

序号	项 目	限 量 指 标		
		液体	粉剂	颗粒
1	有效活菌数 [cfu/mL（g）]	$\geqslant 1.0 \times 10^8$	$\geqslant 0.5 \times 10^8$	$\geqslant 0.5 \times 10^8$
2	纤维素酶活性[a] [U/mL（g）]	$\geqslant 30.0$	$\geqslant 30.0$	$\geqslant 30.0$
3	蛋白酶活性[b] [U/mL（g）]	$\geqslant 15.0$	$\geqslant 15.0$	$\geqslant 15.0$
4	水分（%）	—	$\leqslant 35$	$\leqslant 20$
5	细度（%）		$\geqslant 70$	$\geqslant 70$
6	pH	$5.0 \sim 8.5$	$5.5 \sim 8.5$	$5.5 \sim 8.5$
7	保质期[c]（月）	$\geqslant 3$	$\geqslant 6$	$\geqslant 6$

a 以农作物秸秆类为腐熟对象测定纤维素酶活。

b 以畜禽粪便类为腐熟对象测定蛋白酶活。

c 此项仅在监督部门或仲裁双方认为有必要时检测。

详见《农用微生物菌剂》（GB 20287—2006）附录三中主要技术指标。

表 2-9　农用微生物菌剂产品无害化技术指标

序号	项目	限量指标
1	粪大肠菌群数	≤100 个/g（mL）
2	蛔虫卵死亡率	≥95%
3	砷及其化合物（以 As 计）	≤75 mg/kg
4	镉及其化合物（以 Cd 计）	≤10 mg/kg
5	铅及其化合物（以 Pb 计）	≤100 mg/kg
6	铬及其化合物（以 Cr 计）	≤150 mg/kg
7	汞及其化合物（以 Hg 计）	≤5 mg/kg

详见《农用微生物菌剂》（GB 20287—2006）主要技术指标。

（2）生物有机肥

按照《生物有机肥》（NY 884）的定义：生物有机肥指特定功能微生物与主要以动植物残体（如畜禽粪便、农作物秸秆等）为来源并经无害化处理、腐熟的有机物料复合而成的一类兼具微生物肥料和有机肥料效应的肥料。

生物有机肥的主要技术指标包括：

①生物有机肥产品技术指标。见表 2-10。

表 2-10　生物有机肥产品技术指标

序号	项　目	限　量　指　标	
		粉剂	颗粒
1	有效活菌数（cfu/g）	≥0.20×10⁸	≥0.20×10⁸
2	有机质的质量分数（以烘干基计）	≥25.0%	≥25.0%
3	水分	≤30.0%	≤15.0%
4	pH	5.5~8.5	5.5~8.5
5	保质期（月）	≥6	≥6

详见《生物有机肥》（NY 884—2012）主要技术指标。

②生物有机肥产品无害化技术指标。见表 2-11。

表 2-11　生物有机肥产品无害化技术指标

序号	项　　目	限量指标
1	粪大肠菌群数	≤100 个/g（mL）
2	蛔虫卵死亡率	≥95%
3	砷及其化合物（以 As 计）	≤75 mg/kg
4	镉及其化合物（以 Cd 计）	≤10 mg/kg
5	铅及其化合物（以 Pb 计）	≤100 mg/kg
6	铬及其化合物（以 Cr 计）	≤150 mg/kg
7	汞及其化合物（以 Hg 计）	≤5 mg/kg

详见《生物有机肥》（NY 884—2012）主要技术指标。

(3) 复合微生物肥料

按照《复合微生物肥料》（NY/T 798）的定义：复合微生物肥料是指特定微生物与营养物质复合而成，能提供、保持或改善植物营养，提高农产品产量或改善农产品品质的活体微生物制品。

复合微生物肥料的主要技术指标包括：

①复合微生物肥料产品技术指标。见表 2-12。

表 2-12　复合微生物肥料产品技术指标

序号	项　　目	限　量　指　标		
		液体	粉剂	颗粒
1	有效活菌数[a] [cfu/mL（g）]	≥0.50×10⁸	≥0.20×10⁸	≥0.20×10⁸
2	总养分（N+P$_2$O$_5$+K$_2$O）（%）	≥4.0	≥6.0	≥6.0
3	杂菌率（%）	≤15.0	≤30.0	≤30.0
4	水分（%）	—	≤35.0	≤20.0
5	pH	3.0～8.0	5.0～8.0	5.0～8.0
6	细度（%）	—	≥80.0	≥80.0
7	保质期[b]（月）	≥3	≥6	≥6

a　含两种以上微生物的复合微生物肥料，每一种有效菌的数量不得少于 0.01×10⁸ cfu/mL（g）。

b　此项仅在监督部门或仲裁双方认为有必要时检测。

详见《复合微生物肥料》（NY/T 798—2015）主要技术指标。

②复合微生物肥料产品无害化技术指标。见表2-13。

表2-13　复合微生物肥料产品无害化技术指标

序号	项　　目	限量指标
1	粪大肠菌群数	≤100 个/g（mL）
2	蛔虫卵死亡率	≥95％
3	砷及其化合物（以 As 计）	≤75 mg/kg
4	镉及其化合物（以 Cd 计）	≤10 mg/kg
5	铅及其化合物（以 Pb 计）	≤100 mg/kg
6	铬及其化合物（以 Cr 计）	≤150 mg/kg
7	汞及其化合物（以 Hg 计）	≤5 mg/kg

详见《复合微生物肥料》（NY/T 798—2015）主要技术指标。

【标准原文】

7.1.5　无土栽培可使用农家肥料、有机肥料和微生物肥料，掺混在基质中使用。

【内容解读】

本标准相对于旧版标准增加了无土栽培用肥规定。这里的无土栽培主要指基质栽培，生产的绿色食品包括蔬菜、瓜果，也包括食用菌等。

采用无土栽培方法生产 AA 级绿色食品，允许使用农家肥料、有机肥料和微生物肥料。肥料使用方法是掺混在基质中使用，不建议叶面喷施等其他方法。

【标准原文】

7.2　A 级绿色食品生产用肥料使用规定
7.2.1　应选用 5.2 所列肥料种类。

【内容解读】

A 级绿色食品生产允许使用肥料市场的所有主要种类，包括有机肥料、微生物肥料、有机—无机复混肥料、无机肥料（化肥）、自制肥料（农家肥料），允许使用土壤调理剂。可见，A 级绿色食品生产所用肥料与常规农业生产使用的肥料种类没有差别，生产绿色食品不是特殊的、遥不可及的事情，关键是要做到生产诚信、方法科学、操作规范。

【标准原文】

7.2.2　农家肥料的使用按 7.1.2 规定执行。耕作制度允许情况下，宜利用秸秆和绿肥，按照约 25∶1 的比例补充化学氮素。厩肥、堆肥、沤肥、沼肥、饼肥等农家肥料应完全腐熟，肥料的重金属限量指标应符合 NY 525 的要求。

【内容解读】

　　本条款对 A 级绿色食品生产中农家肥料的使用予以规定：
　　①对条款 7.1.2 的解读适用于本条款。
　　②耕作制度允许情况下，提倡利用秸秆和绿肥，可以按照 C∶N 约 25∶1 的比例补充化学氮素。
　　③按照肥料使用原则"4.1　持续发展原则"和"4.4　有机为主原则"，在农家肥料资源不足时，建议配施有机肥料。
　　④A 级绿色食品生产允许限量使用无机肥料（化肥），但按照"4.3 化肥减控原则"，无机氮素用量不得高于当季作物需求量的一半。
　　⑤厩肥、堆肥、沤肥、沼肥、饼肥等农家肥料应完全腐熟，肥料的重金属限量指标应符合《有机肥料》（NY 525）的要求，这在对 7.1.2 条款的解读中已经详述。

【标准原文】

7.2.3　有机肥料的使用按 7.1.3 的规定执行。可配施 5.2 所列其他肥料。

【内容解读】

　　本条款对 A 级绿色食品生产中有机肥料的使用予以规定：
　　①对条款 7.1.3 的解读适用于本条款。
　　②按照肥料使用原则"4.1　持续发展原则"和"4.4　有机为主原则"，建议在使用有机肥料的同时配施农家肥料。
　　③A 级绿色食品生产允许限量使用无机肥料（化肥），但按照"4.3 化肥减控原则"，无机氮素用量不得高于当季作物需求量的一半。
　　④有机肥料的养分含量要求和重金属、粪大肠菌群数、蛔虫卵死亡率

限量指标在对 7.1.3 条款的解读中已经详述。

【标准原文】

7.2.4 微生物肥料的使用按 7.1.4 的规定执行。可配施 5.2 所列其他肥料。

【内容解读】

本条款对 A 级绿色食品生产中微生物肥料的使用予以规定：

①对条款 7.1.4 的解读适用于本条款。

②微生物是推动土壤中物质、能量转化的核心动力。因此，以功能微生物为核心的生物肥料通过其中微生物的生命活动提高土壤活力、增加植物养分供应、消除土壤污染、改善土壤生态环境，起到肥料效应，对于农田土壤培肥和农作物生长具有广泛的适应性。即微生物肥料适用于多种地域、多种土壤类型和多种农作物类型。

③微生物肥料不同于其他直接提供养分的肥料，以功能菌数量而不是以养分含量作为主要技术指标。由于微生物肥料功能菌株的多样性，微生物肥料在产品类型、功能特性、作用机制和应用方法等方面都具有多样性。

④微生物通过转化土壤有机物等物质得以生存，同时发挥肥效。因此，微生物肥料与其他肥料品种，特别是农家肥、有机肥料等配合使用，可以更好地发挥肥料作用。

⑤微生物肥料通过其中所含微生物的生命活动来实现肥效功能。因此，影响生物活性的环境条件如干旱、低温等会影响微生物肥料的肥效。

【标准原文】

7.2.5 有机—无机复混肥料、无机肥料在绿色食品生产中作为辅助肥料使用，用来补充农家肥料、有机肥料、微生物肥料所含养分的不足。减控化肥用量，其中无机氮素用量按当地同种作物习惯施肥用量减半使用。

【内容解读】

本条款对 A 级绿色食品生产中有机—无机复混肥料、无机肥料的使用予以规定：

①由于 AA 级绿色食品生产不允许使用有机—无机复混肥料和无机肥料，条款 7.2.5 是专门针对 A 级绿色食品生产设立的。

②按照肥料使用原则"4.1 持续发展原则"和"4.4 有机为主原则",有机—无机复混肥料和无机肥料在绿色食品生产中只能作为辅助肥料使用,用来补充农家肥料、有机肥料、微生物肥料所含养分的不足。

③按照"4.3 化肥减控原则",在使用有机—无机复混肥料和无机肥料时,应减控化肥用量。其中,无机氮素用量按当地同种作物习惯施肥用量减半使用。

【标准原文】

7.2.6 根据土壤障碍因素,可选用土壤调理剂改良土壤。

【内容解读】

本条款对 A 级绿色食品生产中土壤调理剂的使用予以规定:

①条款 7.2.6 也是专门针对 A 级绿色食品生产设立的,即 A 级绿色食品生产允许使用土壤调理剂。

②土壤调理剂的作用是改善土壤的物理、化学和(或)生物性状,不考虑营养特性。但土壤调理剂的选用同样应遵从重金属含量限定等无害化指标。

③土壤调理剂的主要功能包括改良土壤结构、降低土壤盐碱危害、调节土壤酸碱度、改善土壤水分状况和修复土壤污染等。土壤调理剂的本质可以是矿物、有机物、微生物等,但不得污染土壤。

第3章
绿色食品肥料施用技术

据国家统计局数据，2013 年，我国化肥生产量 7 037 万 t（折纯，下同），农用化肥施用量 5 912 万 t（农业部，2015）。在我国东部沿海发达地区，氮、磷、钾肥施用量过大，引起水体富营养化，地表水与地下水质明显下降。但与此同时，在许多中低产田地区，又普遍存在着各种养分的缺乏，严重制约了农业生产的发展。

《绿色食品　肥料使用准则》中规定，肥料使用必须满足作物对营养元素的需要，使足够数量的有机物质返回土壤，以保持或增加土壤肥力及土壤生物活性。所有有机或无机（矿质）肥料，尤其是富含氮的肥料应对环境和作物（营养、味道、品质和植物抗性）不产生不良后果方可使用。因此，在充分了解土壤养分状况的基础上，应用现代先进的施肥新技术和方法，使施肥定量化、科学化，最大限度地提高肥料的增产增收效益，满足绿色食品的质量要求，这是目前绿色食品肥料使用中急需解决的问题。关于施肥方面的技术和方法现在有许多，主要有测土配方施肥技术、养分资源综合管理技术、水肥一体化技术及精准农业施肥技术等。

3.1　测土配方施肥技术

测土配方施肥技术是以提高作物产量为目标，以养分资源综合管理为手段，以作物高产、优质、环境友好为核心，以建设资源节约型和环境友好型的集约化可持续农业为最终目标的高效、经济、科学的施肥技术。

3.1.1　测土配方施肥概述

3.1.1.1　测土配方施肥的概念

测土配方施肥是以土壤测试和肥料田间试验为基础，根据作物的需肥规律、土壤供肥性能和肥料效应，在合理施用有机肥料的基础上，提出氮、磷、钾及中、微量元素等肥料的施用数量、施用时期和施用方法的一套施肥技术体系（农业部，2011；全国农业技术推广服务中心，2011）。测土配方施肥技术的核心是调节和解决作物需肥与土壤供肥之间的矛盾，有针对性地补充作物所需的营养元素，因缺补缺，实现各种养分的平衡供应，满足作物需要（鲁剑巍，2006）；达到提高肥料利用率和减少用量、提高作物产量、改善农产品品质、节省劳力和节支增收的目的。

测土配方施肥技术的推广应用，具有以下几方面的意义：一是提高作物产量，保证粮食生产安全。通过土壤养分测定，根据作物需要，正确确定施用肥料的种类和用量，才能不断改善土壤营养状况，使作物获得持续稳定的增产，从而保证粮食生产安全。二是降低农业生产成本，增加农民收入。肥料在农业生产资料的投入中占 50%，但是施入土壤的化肥大部分不能被作物吸收，未能被作物吸收利用的肥料，在土壤中发生挥发、淋溶，被土壤固定。因此，提高肥料利用率，减少肥料的浪费，对提高农业生产的效益至关重要。三是节约资源，保证农业可持续发展。采用测土配方施肥技术，提高肥料的利用率是构建节约型社会的具体体现。据测算，如果氮肥利用率提高 10%，则可以节约 2.5 亿 m^3 的天然气或节约 375 万 t 的原煤，在能源和资源极其紧缺的时代，进行测土配方施肥具有非常重要的现实意义。四是减少污染，保护农业生态环境。不合理的施肥会造成肥料的大量浪费，浪费的肥料必然进入环境中，造成大量原料和能源的浪费，破坏生态环境，如氮、磷的大量流失可造成水体的富营养化。所以，使施入土壤中的化肥尽可能多地被作物吸收，尽可能减少在环境中滞留，对保护农业生态环境也是有益的。

3.1.1.2　测土配方施肥的内容和特点

测土配方施肥的主要内容包括：测土、配方、施肥 3 个基本环节，测土是配方的依据，施肥是配方的实施。测土是基础，是对土壤做出诊断。首先，严格按照采样方法采集土样，然后由化验室对土壤养分进行测试分析。其次是配方，为土壤开具"药方"。通过总结田间试验、土壤养分数据等，划分不同区域施肥分区，同时根据气候、地貌、土壤、耕作制度等相似性和差异性，结合专家经验，提出不同作物的施肥配方，达到肥料和作物的供求平衡。最后是科学施肥，也就是配方肥料在具体生产过程中的科学施用，由科技人员指导农户根据肥料特性、土壤供肥性能及作物需肥规律，采取最有效的施肥方式和施肥时期。

测土配方施肥技术是一项科学性、应用性很强的农业科学技术，对促进我国粮食生产、提高耕地质量、改善农产品品质、农业增效、农民增收、防止病害减少农业面源污染以及保护生态环境具有十分重要的意义。

测土配方施肥有以下诸多优点：

一是均衡土壤养分。在施肥前，对现有土壤所含的营养状况应该有全面的了解，知道所种植的土壤里有哪些营养元素、缺少哪些营养元素，再根据预计产量计算出应该施用哪种肥料、施用多少。从而根据作物生长发育的需要，合理施用化肥。因此，通过测土配方施肥，有针对性地补充作物所需的短缺营养元素，做到科学合理施肥，使各种养分平衡供应，满足农作物的需求，从而有效地解决作物施肥与土壤供肥、作物需肥之间的矛盾，实现调控营养。

二是提高农产品产量，改善农产品品质，提高农产品市场竞争力。农作物生长发育需要碳、氢、氧、氮、磷、钾、钙、镁、硫、硼、锰、锌、铁、钼、铜、氯 16 种元素，其中作物必需的营养元素的丰缺，关系着农作物生长发育的好坏及产量的高低。通过测土配方施肥可以均衡土壤中各种养分的含量，使作物得到充足、合理的养分供应，从而有利于提高其产量和改善产品品质。

三是提高化肥利用率，降低生产成本。通过对土壤养分含量的分析和根据种植作物的需肥规律，合理搭配氮、磷、钾肥的比例、数量，合理分配有限资源，提高养分间正交互效应、化肥利用率和使用效益。

四是培肥地力、保护生态环境。要维持地力，就必须将植物带走的养分归还给土壤，测土配方施肥技术依据相关植物营养理论，指导农民正确合理施肥，不仅能以较少的投入获得较多的产量和报酬，而且使土壤养分得以平衡、合理的补偿，利于土壤肥力的综合提高。再者，使施入土壤中的肥料尽可能地被作物吸收利用，减少在环境中的滞留，对保护农业生态环境是非常有益的。

3.1.1.3　测土配方施肥的误区

当前，测土配方施肥工作中一个十分重要的环节就是对农民和基层农业技术人员的培训，只有让农民和农技人员认识到土壤测试的重要性，测土配方施肥工作才能得到广泛支持和应用。目前，我国的农业推广体系仍然存在一些问题，各地在理解和开展测土配方施肥工作方面还存在一定的误区，严重地影响了技术的科学性，误导了农民。因此，需要正确认识，走出误区，才能够积极推进测土配方施肥工作的开展。

（1）正确认识测土配方施肥的内容和环节

测土配方施肥工作不是一项简单的技术工作，它是由一系列理论、方法、技术和推广模式等组成的体系，是一项系统工程。测土配方施肥是通过对土壤测试分析，根据测试得到的代表土壤肥力的各种养分数值，并充分考虑种植作物本身对各养分的需要，遵从作物对各种营养元素"缺啥补啥，缺多少补多少"的原则进行营养搭配，选择合适的施肥方式按照配方施用肥料。正确认识测土配方施肥技术环节，对于推进测土配方施肥工作具有积极的作用（杨业新等，2012；鲁剑巍，2006）。测土配方施肥技术包括"测土、配方、配肥、供应、施肥指导"5 个核心环节、9 项重点内容。

一是田间试验。田间试验是获得各种作物最佳施肥量、施肥时期和施肥方法的根本途径，也是筛选、验证土壤养分测试技术、建立施肥指标体系的基本环节。通过田间试验，掌握各个施肥单元不同作物优化施肥量，基肥、追肥分配比例，施肥时期和施肥方法；摸清土壤养分校正系数、土壤供肥量、农作物需肥参数和肥料利用率等基本参数；构建作物施肥模型，为施肥分区和肥料配方提供依据。

二是土壤测试。土壤测试是制订肥料配方的重要依据之一，随着我国种植业结构的不断调整，高产作物品种不断涌现，施肥结构和数量发生了很大的变化，土壤养分库也发生了明显改变。通过开展土壤氮、磷、钾及中、微量元素养分测试，了解土壤供肥能力状况。

三是配方设计。肥料配方设计是测土配方施肥工作的核心。通过总结田间试验、土壤养分数据等，划分不同区域施肥分区；同时，根据气候、地貌、土壤、耕作制度等相似性和差异性，结合专家经验，提出不同作物的施肥配方。

四是校正试验。为保证肥料配方的准确性，最大限度地减少配方肥料批量生产和大面积应用的风险，在每个施肥分区单元，设置配方施肥、农户习惯施肥和不施肥空白对照 3 个处理。以当地主要作物及其主栽品种为研究对象，对比配方施肥的增产效果，校验施肥参数，验证并完善肥料配方，改进测土配方施肥技术参数。

五是配方加工。配方落实到农户田间是提高和普及测土配方施肥技术的最关键环节。目前，不同地区有不同的模式，其中最主要的也是最具有市场前景的运作模式就是市场化运作、工厂化加工、网络化经营。这种模式适应我国农村农民科技素质低、土地经营规模小、技物分离的现状。

六是示范推广。为促进测土配方施肥技术能够落实到田间，既要解决测土配方施肥技术市场化运作的难题，又要让广大农民亲眼看到实际效果，这是限制测土配方施肥技术推广的"瓶颈"。建立测土配方施肥示范区，为农民创建窗口，树立样板，全面展示测土配方施肥技术效果，是推广前要做的工作。推广"一袋子肥"模式，将测土配方施肥技术物化成产品，也有利于打破技术推广"最后一公里"的"坚冰"。

七是宣传培训。测土配方施肥技术宣传培训是提高农民科学施肥意识、普及技术的重要手段。农民是测土配方施肥技术的最终使用者，迫切需要向农民传授科学施肥方法和模式；同时，还要加强对各级技术人员、肥料生产企业、肥料经销商的系统培训，逐步建立技术人员和肥料商持证上岗制度。

八是效果评价。农民是测土配方施肥技术的最终执行者和落实者，也是最终受益者。检验测土配方施肥的实际效果，及时获得农民的反馈信息，不断完善管理体系、技术体系和服务体系。同时，为科学地评价测土配方施肥的实际效果，必须对一定的区域进行动态调查。

九是技术创新。技术创新是保证测土配方施肥工作长效性的科技支撑。重点开展田间试验方法、土壤养分测试技术、肥料配制方法和数据处理方法等方面的创新研究工作，不断提升测土配方施肥技术水平。

（2）测土配方施肥误区

各地积极行动，开展测土配方施肥工作，这对于社会各阶层提高对测土配方施肥的认识具有重要作用。但是，如果认识不正确，也会对测土配方施肥产生负面影响。目前，测土配方施肥主要存在三大误区。

一是认识的误区。测土配方施肥不同于一般的"项目"或"工程"，是一项长期的、基础的工作，是直接关系到粮食稳定增产、农民收入稳步增加、生态环境不断改善的一项日常性工作。测土配方施肥工作不是一项简单的技术工作，它是由一系列理论、方法、技术和推广模式等组成的体系，只有社会各个环节都积极地参与，各司其职，各尽其能，才能真正推进测土配方施肥工作的开展。农业技术推广体系要负责测土、配方和施肥指导核心等环节，建立技术推广平台；测土配方施肥试验站、肥料生产企业、肥料销售商等要搞好配方肥料生产和供应服务，建立良好的生产和营销机制，科研单位要重点解决限制性技术或难题，不断提升和完善测土配方施肥技术。

二是测土与肥料田间试验关系的误区。测土配方施肥不只是通过化验室分析结果，开个"方子"就可以"抓药"的简单过程。不同作物的肥料田间试验是了解肥料施用效果、作物生长状况和养分吸收过程及结果最直接、最有效的方法，是开展测土配方施肥工作的基础，是制订作物施肥方案的首要依据，是建立作物施肥分区的前提。肥料田间试验也是研究、筛选、评价土壤养分测试方法，建立不同测试方法施肥指标体系的唯一基础。因此，田间试验是测土配方施肥的基础，必须引起高度重视。此外，测土不是测定每个农户的每个地块的养分含量，而是在一定的范围内选择一些代表性的地块，测定养分含量，给出作物施肥方案，其他类似的地块参照代表地块的施肥方案进行，不可能也没有必要测定每个农户的每个地块的土壤养分。

三是土壤养分速测的误区。土壤养分速测仪主要是指能带到田间地头，快速测试土壤养分的便携式仪器，它是向农民宣传测土配方施肥，提高农民测土施肥意识的一种工具。但是，不能够科学地、准确地指导农民施肥。①土壤养分速测仪在野外操作，外界环境调节很难控制，土壤养分的测试结果准确度和精确度很难保证。②土壤养分测试结果是个相对值，必须要有配套的肥料田间小区试验监理施肥推荐指标体系，目前大多数土壤养分速测仪尚未建立完善的推荐施肥指标。③当只有一两个土样时，土壤养分速测仪才能体现"快速"；相反，当样品数量达到一定数量后（3个以上时），与化验室的常规测试相比，"速测"就成"慢测"了。因此，在大面积开展测土配方施肥时，常规土壤养分测试是了解土壤养分最佳、最有效的手段，土壤速测仪的推广应慎重，不宜大量配置。

应该明确地认识到精准并不代表一定能够高产，毕竟作物生长的限制因子很多，矿质营养是作物生长的必要条件，它与水分、空气、热量及田间管理等共同决定着作物的最终产量。在指导农户种地时，不应该片面地夸大施肥的作用，要做到实事求是，特别是在全国推广测土配方施肥的形势下，更应该清楚，测土是科学施肥的一种手段，是必要的。

3.1.2 测土配方施肥的理论依据

测土配方施肥的理论基础主要包括营养元素同等重要与不可代替律，德国化学家李比希提出的矿质营养学说、养分归还（补偿）学说和最小养分律，英国的布赖克曼的限制因子定律，德国科学家李勃夏提出了最适因子定律，米采利希的肥料效应报酬递减律，因子综合作用（如水分、养料、光照、温度、空气、品种和耕作制度等）定律，植物有机营养学说和肥料资源组合原理十大理论或学说。

3.1.2.1　营养元素同等重要与不可代替律

植物所需的各种必需营养元素，包括大量元素、中量元素和微量元素，不论它们在植物体内含量多少，均具有各自的生理功能，它们各自的营养作用都是同等重要的。每一种营养元素具有其特殊的生理功能，其作用是其他元素不可替代的。

作物体内各种营养元素的含量，从高到低相差可达10倍、百倍，甚至万倍，但它们在作物营养中的作用并无重要与不重要之分。以大量元素中的氮、磷为例，作物体内氮素不足时，不仅蛋白质的合成受到阻碍，而且会降低叶绿素含量。当氮缺乏时，叶片变黄，甚至枯萎早衰，施用除氮以外的任何元素均不能解除这种症状。如果作物供氮充足时，只有磷素缺乏，由于核蛋白不能形成，影响细胞分裂和糖代谢，就会导致作物茎叶停止生长，叶色由绿变紫，只有补充磷肥才能促使作物正常生长。需要特别注意的是，尽管作物对某些微量元素养分的需求量甚微，但缺乏时也会导致作物生长发育受到抑制，严重者甚至死亡，与作物缺乏大量元素所产生的不良后果是完全相同的。因此，在作物施肥时要有针对性，凡土壤缺乏的、不能满足作物生长发育和丰产优质的营养元素，都必须通过施用相应肥料来补充，而不能用一种肥料去代替另一种肥料，必须遵循"因缺补缺"的原则进行平衡施肥（鲁剑巍，2006）。

3.1.2.2　植物矿质营养学说

德国化学家、现代农业化学的倡导者李比希在1840年提出了矿质营养学说，为化肥的生产与应用奠定了理论基础。矿质营养学说的主要内容为：土壤中矿物质是一切绿色植物的养料，厩肥及其他有机肥料对植物生长所起的作用，并不是其中所含的有机质，而是这些有机质分解后所形成的矿物质。该学说的确立，建立了植物营养学科，明确了作物主要以离子形态吸收养分，无论是化肥还是有机肥料，其营养对植物同等重要，从而促进了化肥工业的兴起。然而，该学说对腐殖质作用认识不够，这是在实践中应该注意克服和避免的（鲁剑巍，2006）。

3.1.2.3　养分归还学说

养分归还学说也是由李比希提出的。作物在生长发育过程中，要从土壤中吸收各种营养物质，由于人类在土壤上种植作物并将这些农产品（包括籽粒和茎秆）收获走，就必然会导致土壤肥力逐渐下降，土壤所含的养分越来越少。因此,要恢复地力就必须归还从土壤中拿走的东西,不然就难以指望再获得过去那样高的产量;同时,为了增加产量就应该向土壤施加养分。

归还养分并不是要求全部归还作物从土壤中带走的所有养分,绝对的全部归还是不必要的,也是不经济的。例如,非必需元素可以不归还,作物吸收量少的、土壤中相对含量较多的元素,也可以不必每茬作物收获后立即归还,可以隔一定时期归还一次,具体表现在一些微量元素肥料的施用可以隔几年施用一次。另外,作物生长不但消耗土壤养分,同时消耗土壤有机质,坚持使用有机肥料,不仅可归还作物所需的大量元素养分,还可归还其他种类的元素,可以均衡土壤养分,做到用地与养地相统一,是维持和提高土壤肥力的重要措施。

养分归还学说的发展,为作物稳产高产和均衡增产展现了广阔前景。为了增产必须以施肥方式补充植物从土壤中取走的养分,这就突破了过去局限于生物循环的范畴,通过施加肥料,扩大了物质循环,为农业的持续发展提供了物质基础(鲁剑巍,2006)。

平衡施肥技术正是在养分归还学说的基础上建立起来的科学合理的施肥技术,依据作物需肥规律、土壤供肥特性与肥料效应,在施用有机肥料的基础上,合理确定氮、磷、钾和中、微量元素的适宜用量和比例,并采用相应科学施用方法的施肥技术。

3.1.2.4　最小养分定律

李比希在提出养分归还学说的同时又总结出了最小养分定律:植物为了生长发育需要吸收各种养分,但是决定植物产量的,却是土壤中那个相对含量最小的有效植物生长因素,产量也在一定限度内随着这个因素的增减而相对地变化。因而,无视这个限制因素的存在,即使继续增加其他营养成分也难再提高植物的产量。

配方施肥首先要发现农田土壤中的最小养分。测定土壤中的有效养分含量,判定各种养分的肥力等级,择其缺乏者施以某种养分肥料,或通过肥料效应试验,从肥料效应回归方程中的系数判定哪一种养分肥料增产效应最明显,以便采取施肥对策。这样可以决定肥料投向,从而发挥肥料最大效益(金耀青和张中原,1993)。

3.1.2.5　限制因子定律

英国的布赖克曼在 1905 年把最小养分定律扩大到养分以外的生态因

子，提出了限制因子定律：增加一个因子的供应，可以使作物生长增加，但是遇到另一生长因子不足时，即使增加前一因子也不能使作物生长增加，直到缺少的因子得到补足，作物才能继续生长。限制因子包括了养分以外的土壤物理因素、气候因素和技术因素等。说明施肥不能只注意养分的种类和数量，还需要注意其他影响生长和肥效的因子（金耀青和张中原，1993）。

3.1.2.6　最适因子定律

1895年，德国科学家李勃夏提出了最适因子定律：植物生长受许多条件的影响，生长条件变化的范围很广，植物适应的能力有限，只有影响生产的因子处于适宜地位，最适于植物生长，产量才能达到最高。因子处于最高或最低的时候，不适于植物生长。因此，养分供应不是越多越好，一种肥料施用过多，超过最适数量时，产量反而会降低。施用肥料时，在其他条件相对稳定的情况下，要获得高产，肥料用量必须合理（金耀青和张中原，1993）。

3.1.2.7　肥料效应报酬递减律

欧洲经济学家杜尔哥和安德森提出：从一定土地上获得的报酬随着向该土地投入的劳动和资本量的增大而增加，但随着投入的单位劳动和资本量的增加，报酬的增加却在递减。即随着施肥量的增加，所获得的增产量呈递减趋势。肥料效应方程［米采利希公式和抛物线方程（尼克莱—穆勒）］主要遵循了报酬递减律原理（金耀青和张中原，1993）。

3.1.2.8　因子综合作用定律

合理施肥是作物增产的综合因子（如水分、养料、光照、温度、空气、品种和耕作制度等）中起作用的重要因子之一。作物丰产不仅需要解决影响作物生长和提高产量的某种限制因子，其中包括养分因子中的最小养分，而且只有在外界环境条件足以保证作物正常生长和健壮发育的前提下，才能充分发挥施肥的最大增产作用，收到较高的经济效益。因此，肥料的增产效应必然受因子综合作用的影响。因子综合作用定律的中心意思是：作物丰产是影响作物生长发育的各种因子（如水分、养分、光照、温度、空气、品种以及耕作制度等）综合作用的结果，其中必然有一个起主导作用的限制因子，产量也在一定程度上受该种限制因子的制约。为了充分发挥肥料的增产作用和提高肥料的经济效益，一方面，施肥措施必须与其他农业技术措施密切配合；另一方面，各种肥料养分之间的配合施用，也应因地制宜地加以综合运用（金耀青和张中原，1993）。

3.1.2.9　植物有机营养学说

植物有机营养学说认为，有机物质是植物营养的直接来源的理论。该学说类似于腐殖质营养学说，但又有不同。相对于矿质营养学说，有机营养学说认为植物生长过程中直接吸收有机物质维持其生长。随着研究技术手段的不断提高，人们逐渐认识到矿质营养和有机营养均可以作为植物营养的直接来源，这主要取决于土壤状况和植物种类。在植物营养理论发展的最初阶段，植物有机营养学说曾经占据了很大优势，因为当时认为植物生长所需的营养物质主要来自腐殖质。自李比希提出的矿质营养学说否定了腐殖质学说后，植株有机营养理论发展一直很慢。但是，在实践中确实发现一些现象不能用矿质营养学说来很好解释，如施用有机肥料或一些有机物质后，植物生长状况和品质的确好于化肥，并且越来越多的证据表明，一些植物种类可以直接吸收利用一些有机养分（陈日远等，2000；王华静等，2003），如氨基酸、糖类、核酸和肌醇六磷酸等。

所谓植物有机养分也称植物有机营养物质，是指植物能够吸收利用的有机化合物，如氨基酸、葡萄糖、有机磷、核苷酸和核酸等。植物有机养分与矿质养分的根本区别在于养分吸收瞬间的化学形态，如为矿质形态，则为矿质养分；如为有机形态，则为有机养分。

有机养分虽然数量不大，但是种类繁多，包括含氮化合物（尿素、氨基酸和酰胺）；含磷化合物（RNA、DNA）及其降解产物（核苷酸、嘧啶、嘌呤和肌醇—磷酸等）；多种可溶性糖（如蔗糖、阿拉伯糖、果糖、葡糖糖和麦芽糖等）；一些酚类、有机酸（如羟苯甲酸、香草酸和丁香酸）等。植物不仅能够直接吸收这些含氮、含磷的有机化合物，而且还能使它们在体内迅速转运和转化。有机养分对植物的有效性与其形态、结构、浓度、矿质—有机养分配比及植物种类等有关。一些有机养分或可被植物优先吸收，或有较高的肥效（高于相应的矿质养分）。植物对有机养分的吸收大多依赖于质膜载体，摄入的有机养分可以在体内迅速转运和转化。需要指出的是，虽然植物可以直接吸收利用一些有机养分，但是大多数有机养分的作用不是直接而是间接的，如改善土壤物理性状、增强土壤生物活性等方面（周建民和沈仁芳，2013）。

根据有关文献（张夫道，1986；孙義和章永松，1992；吴良欢和陶勤南，2000；廖宗文等，2014），为使有机营养学说更好地指导生产实践，特别是有机营养肥料（王华静等，2003）的生产与应用，其可以定义为关于植物能够吸收和转化有机养分的学说。

随着人们对作物品质要求的提高，有机农业逐渐成为现代农业生产的一个发展趋势，关于植物有机营养学说正在深入研究。

3.1.2.10　肥料资源组合原理

根据作物生产的需要，把各种所需肥料有机地结合在一起，进行科学的配合施用，其组合效果就会大于单独施用各种肥料的效果。营养元素的生理作用存在相互补充、相互促进和相互制约的关系，在一定技术和自然条件下，各种肥料之间必须保持相对平衡，才能实现作物的优质高产。实现肥料资源平衡注意以下问题：自然平衡与经济平衡；数量平衡与质量平衡；有机平衡与无机平衡；基肥、种肥和追肥平衡；经济效益与环境效益平衡等（唐树梅，2007）。

测土配方施肥需要遵循一定的原则。一是有机与无机相结合。实施配方施肥必须以有机肥料为基础。土壤有机质是土壤肥沃程度的重要指标。增施有机肥料可以增加土壤有机质含量，改善土壤理化生物性状，提高土壤保水、保肥能力，增强土壤微生物的活性，促进化肥利用率的提高。因此，必须坚持多种形式的有机肥料投入，才能够培肥地力，实现农业可持续发展。二是大量元素、中量元素和微量元素配合。各种营养元素的配合是配方施肥的重要内容，随着产量的不断提高，在耕地高度集约利用的情况下，必须进一步强调氮肥、磷肥、钾肥的相互配合，并补充必要的中微量元素，才能获得高产稳产。三是用地与养地相结合，投入与产出相平衡。实现作物—土壤—肥料系统的物质、能量良性循环。

3.1.3　常用的测土配方施肥方法

在当前作物产量水平较高和化肥用量日趋增多的情况下，确定经济最佳施肥量尤其重要。与20世纪60～70年代相比，近年来化肥的增产效果明显下降。造成化肥肥效降低的原因虽是多方面的，但盲目施肥、施肥量偏高或养分比例失调仍是一个主要原因。因此，如何经济合理施肥、提高肥料的经济效益，已成为当前农业生产中迫切需要解决的问题。运用科学方法确定经济施肥量是当前施肥技术的中心问题，也是配方施肥决策的一项重要内容。如果施肥量确定不合理，其他施肥技术则难以发挥作用，浪费肥料或减产将是不可避免的。

根据当前我国测土配方施肥工作的经验，测土配方施肥量的确定概括起来有 3 类 6 种方法：第一类是地力分区（级）配方法；第二类是目标产量配方法，包括养分平衡法和地力差减法；第三类是田间试验法，包括肥料效应函数法、养分丰缺指标法、氮磷钾比例法。也有人从依据的基本原理将测土配方施肥分为测土施肥法、肥料效应函数法和农作物营养诊断法三大系统。配方施肥的 3 类方法可以互相补充，并不互相排斥。形成一个具体配方施肥方案时，可以一种方法为主，参考其他方法，配合起来运用。

3.1.3.1　地力分区（级）配方法

土壤地力是指在不施肥的条件下所取得的产量水平，即土地生产能力。土壤地力不仅对肥料的增产效果影响很大，而且还决定作物依赖土壤供肥和对肥料的需求程度。在同一类型的土壤上，土壤肥力水平的高低与地力产量（即无肥区产量）具有一定的平行关系。地力产量的高低则反映了作物对土壤具有这样的规律性：土壤肥力高的田块，地力产量较高，说明作物对土壤养分的依赖程度较大，而对肥料养分的依赖程度较小；相反，土壤肥力较差的田块，地力很低，作物对土壤养分的依赖程度很小，对肥料养分的依赖程度则很高，适当增施肥料才能保证作物获得较好的收益。土壤肥力分级法就是基于这一原理，按照土壤肥力等级，分别推荐不同的施肥方案，指导不同作物的施肥。

地力分区（级）配方法的做法是，按土壤肥力高低分为若干等级，或划出一个分离均等的田块，作为一个配方区。在较大的区域内，也可根据地形地貌和土壤质地等条件对农田进行分区划片，然后再将每区划分若干个地力等级。利用土壤普查资料和过去田间试验成果，结合群众的实践经验，估算出这一配方区内比较适宜的肥料种类及其施用量。具体包括以下步骤：

（1）收集有关资料

首先，收集土壤普查的资料，全面了解该区农田土壤的肥力状况和各类土壤的分布情况。其次，收集化肥区划资料，了解各类土壤的农化特性、不同化肥的增产效应以及化肥的投放趋向等。最后，了解当地的种植制度、施肥制度以及气象资料等。

（2）按土壤肥力分级

如何将土壤按肥力高低分级（片）是本法推荐施肥的重要一步。一般可参考全国土壤普查分级标准并结合当地具体情况加以划分。此外，也可以根据地力产量（及土壤基础肥力）进行分级划片，作为推荐施肥的依据。

(3) 确定推荐施肥量和制订施肥方案

土壤按肥力高低分级划片后，利用上述土壤普查资料和科研部门提供的试验成果，估算出不同土壤肥力等级内作物获得一定产量应施用的肥料种类（如氮肥、磷肥、钾肥和某种微量元素肥料）及其大致用量，同时制订出适于当地实施的施肥方案，作为推荐施肥的依据。

地力分区（级）配方法的优点是方法简便、操作简单、群众易接受；提出的肥料用量和措施接近当地的经验、针对性强、推广的阻力较小。缺点是局限性较大，每种配方只能适应于生产水平差异较小、基础较差的地区。在推广过程中，必须结合试验示范，逐步扩大科学测试手段和理论指导的比重（赵君华等，2006；鲁剑巍，2006）。

3.1.3.2　目标产量配方法

作物实现目标产量所需养分是由土壤本身和施肥两个方面供给来满足的。先确定目标产量以及为达到这个产量所需要的养分数量，再计算作物除土壤所供给的养分外，需要补充的养分数量，最后确定施用多少肥料。因土壤供肥量的确定方法不同，形成了养分平衡法和地力差减法两种配方技术。

(1) 养分平衡法

①基本原理。养分平衡法是国内外配方施肥中最基本和重要的方法。早在20世纪60年代，Truog-Stanford的养分平衡计量施肥法就引进我国。此法根据农作物需肥量与土壤供肥量之差来计算实现目标产量的施肥量，以土壤养分测定值来计算土壤供肥量。肥料需要量可根据公式（3-1）计算。

$$施肥量 = \frac{作物目标产量需肥量 - 土壤供肥量}{肥料利用率 \times 肥料养分含量} \qquad (3-1)$$

养分平衡法涉及目标产量、作物需肥量、土壤供肥量、肥料利用率和肥料中有效养分含量五大参数。土壤供肥量即为"3414"方案中处理1（表3-3）的作物养分吸收量。目标产量确定后因土壤供肥量的确定方法不同，形成了地力差减法和土壤有效养分校正系数法两种。

$$施肥量 = \frac{作物单位产量养分吸收量 \times 目标产量 - 土壤测定值 \times 0.15 \times 有效养分校正系数}{肥料利用率 \times 肥料养分含量}$$

$$(3-2)$$

式中：作物单位产量养分吸收量×目标产量＝作物目标产量需肥量；
　　　土壤测定值×0.15×校正系数＝土壤供肥量。

②有关参数的确定。

第一，目标产量。目标产量是决定肥料施用量的原始依据，是以产定肥的重要参数。土壤肥力是决定作物产量高低的基础，所以，目标产量应根据土壤肥力来确定。目标产量可采用平均单产法来确定。平均单产法是利用施肥区前 3 年平均单产和年递增率为基础确定目标产量，按公式（3-3）计算。

$$\frac{目标产量}{(kg/亩)} = (1 + 递增率) \times \frac{前 3 年平均单产}{(kg/亩)} \quad (3-3)$$

一般粮食作物的递增率为 10%～15%，露地蔬菜一般为 20%左右，设施蔬菜为 30%左右。如某地前 3 年作物的平均产量为玉米 500kg，则目标产量可定为550～575kg。再一个就是以农田土壤肥力水平，确定目标产量，即以地定产。在正常栽培和施肥条件下，农作物吸收的全部营养成分中有 55%～80%来自土壤（农作物对土壤肥力的依存率），余者来自肥力。就不同肥力而言，肥地上农作物吸收土壤养分的份额多，瘦地上农作物吸收肥力中养分的份额相应较多。掌握了一个地区某种农作物对土壤肥力的依存率后，即可根据试验建立无肥区单产与目标产量之间的数学关系式，由此根据土壤肥力水平确定目标产量。

第二，作物需肥量。通过对正常成熟的农作物全株养分的分析，测定各种作物 100kg 经济产量所需养分量（常见作物平均 100kg 经济产量吸收的养分量），乘以目标产量即可获得作物需肥量 [公式（3-4）]。即：

$$\frac{作物目标产量所}{需养分量 (kg/亩)} = \frac{目标产量 (kg/亩)}{100} \times \frac{100kg 产量所需}{养分量} \quad (3-4)$$

农作物在其生育周期中，形成 100kg 经济产量所需吸收的养分量叫作作物百千克产量所需养分量，也称为养分系数，它会因为产量水平、气候条件、土壤肥料和肥料种类不同而变化。常见作物形成 100kg 经济产量所需吸收的养分量见表 3-1。

表 3-1　常见作物形成 100kg 经济产量所吸收氮、磷、钾的数量

作物	收获物	每100kg 收获物的 3 种养分需要量（kg）		
		氮（N）	磷（P₂O₅）	钾（K₂O）
水稻	稻谷	2.40	1.25	3.13
冬小麦	籽粒	3.00	1.25	2.50
春小麦	籽粒	3.00	1.00	2.50
玉米	籽粒	2.57	0.86	2.14
春谷子	籽粒	4.7	1.6	5.7
夏谷子	籽粒	2.5	1.2	2.4

（续）

作物	收获物	每100kg收获物的3种养分需要量（kg）		
		氮（N）	磷（P_2O_5）	钾（K_2O）
高粱	籽粒	2.60	1.30	3.00
马铃薯	块茎	0.50	0.20	1.06
甘薯（鲜）	块根	0.35	0.18	0.55
大豆	豆粒	7.20	1.80	4.00
花生	荚果	6.80	1.30	3.80
棉花	子棉	5.00	1.80	4.00
油菜	菜籽	5.80	2.50	4.30
烟草	鲜叶	4.10	0.70	1.10
甜菜	块根	0.40	0.15	0.50
甘蔗	茎	0.19	0.07	0.30
大白菜	鲜叶	0.19	0.087	0.342
黄瓜	果实	0.40	0.35	0.55
茄子	果实	0.30	0.10	0.40
番茄	果实	0.45	0.50	0.50
萝卜	块根	0.60	0.31	0.50
芹菜	全株	0.16	0.08	0.42
菠菜	全株	0.36	0.18	0.52
柑橘	果实	0.40	0.15	0.60
梨	果实	0.21	0.08	0.21
葡萄	果实	0.30	0.15	0.36
苹果	果实	0.15	0.02	0.16
桃	果实	0.25	0.01	0.33

注：引自陆欣《土壤肥料学》，2011。

第三，土壤供肥量。土壤供肥量可以通过测定基础产量、土壤有效养分校正系数两种方法估算。

通过基础产量估算：不施肥区作物所吸收的养分量作为土壤供肥量［公式（3-5）］。

$$\text{土壤供肥量（kg/亩）} = \frac{\text{不施养分区农作物产量（kg/亩）}}{100} \times 100\text{kg产量所需养分量} \tag{3-5}$$

通过土壤有效养分校正系数估算：将土壤有效养分测定值乘以一个校正系数，以表达土壤"真实"供肥量。该系数称为土壤有效养分校正系数[公式（3-6）]。

$$\text{土壤有效养分校正系数（\%）}=\frac{\text{缺素区作物地上部分吸收该元素量（kg/亩）}}{\text{该元素土壤测试值（mg/kg）}\times0.15}\times100$$

$$(3-6)$$

目前，评估土壤供肥量最经典的方法是在有代表性的土壤上设置肥料5项处理的田间试验（表3-5），分别测出供 N、P_2O_5、K_2O 量。以氮为例，其土壤供氮量由公式（3-7）计算。

$$\text{土壤供氮量}=\frac{\text{无氮区作物产量（kg）}}{100}\times\frac{100\text{kg 经济产量}}{\text{需氮量}} \qquad (3-7)$$

第四，肥料利用率。肥料当季利用率是指当季作物从所施肥料中吸收利用的养分数量占肥料中该养分总量的百分数。目前，测定肥料利用率有两种方法。

同位素肥料示踪法：例如，将^{32}P 化学磷肥施入土壤，成熟时分析测定作物所吸收利用^{32}P 的数量，就可以计算出该磷肥的当季利用率。此法准确，但一般单位无法采用。

田间差减法：即在田间布置不同肥料处理的试验，利用施肥区作物吸收的养分量减去不施肥区农作物吸收的养分量，其差值视为肥料供应的养分量，再除以所用肥料养分量就是肥料利用率[公式（3-8）]。

$$\text{肥料利用率（\%）}=\frac{\text{施肥区农作物吸收养分量（kg/亩）}-\text{缺素区农作物吸收养分量（kg/亩）}}{\text{肥料施用量（kg/亩）}\times\text{肥料中养分含量（\%）}}\times100$$

$$(3-8)$$

用公式（3-8）计算氮肥利用率为例来进一步说明。

$$\text{氮肥利用率（\%）}=\frac{\text{NPK 区作物吸 N 量（kg/亩）}-\text{PK 区作物吸 N 量（kg/亩）}}{\text{氮肥施用量（kg/亩）}\times\text{氮肥含 N 量（\%）}}\times100$$

式中：施肥区（NPK 区）农作物吸收养分量（kg/亩）："3414"方案（表3-3）中处理6的作物总吸氮量；缺氮区（PK 区）农作物吸收养分量（kg/亩）："3414"方案中处理2（表3-3）的作物总吸氮量；肥料施用量（kg/亩）：施用的氮肥肥料用量；肥料中养分含量（%）：施用的氮肥肥料所标明的含氮量。如果同时使用了不同品种的氮肥，应计算所用的不同氮肥品种的总氮量。同理，可以计算磷肥利用率和钾肥利用率。

影响肥料利用率的因素很多，除了与作物种类、土壤类型、气候条件和栽培技术等有关外，在很大程度上还取决于肥料品种和施用技术。水田的氮肥利用率一般为 $20\%\sim50\%$，旱地为 $40\%\sim60\%$。磷肥的利用率在 $10\%\sim25\%$，一般禾谷类作物和棉花对磷肥的利用率较低，而豆科作物和绿肥作物对磷肥的利用率较高。钾肥利用率一般为 $50\%\sim60\%$。有机肥料中氮素利用率一般为 $10\%\sim30\%$，磷素利用率一般为 $30\%\sim50\%$，钾素利用率一般为 $60\%\sim90\%$。同样的肥料，施用方法不同，其利用率也不同，如碳铵深施覆土时利用率可提高到 40% 左右，而表施仅为 25% 左右；尿素深施利用率为 $40\%\sim60\%$，表施为 30% 左右。对旱作土壤来说，土壤水分含量对肥料利用率的影响极大，在一定的田间持水量范围内，肥料利用率随土壤水分减少而降低。因此，在可预测的特殊年份的干旱或多雨情况下，对肥料利用率应做相应调整。不同肥料的当季利用率可参考表 3-2。

表 3-2　不同肥料的当季利用率

肥料名称	利用率（％）	肥料名称	利用率（％）	肥料名称	利用率（％）
一般圈粪	20～30	氨水	40～50	过磷酸钙	20～25
土圈粪	15～25	硫酸铵	50～60	钙镁磷肥	20～25
堆沤肥	25～30	硝酸铵	50～65	磷矿粉	10
坑肥	30～40	氯化铵	40～50	硫酸钾	50～60
人粪尿	40～60	碳铵	40～55	氯化钾	50～60
新鲜绿肥	30～40	尿素	40～50	草木灰	30～40

需要注意的是：一是肥料的施用量要适当，过量施肥必然导致肥料利用率降低；二是栽培管理要能保证作物生长发育正常，否则容易出现营养生长过旺，引起经济产量不高而造成肥料利用率偏低的问题。为使参数准确可靠，最好在当地土壤肥力条件下通过试验获得第一手资料。

第五，肥料中养分含量。供施肥料包括无机肥料与有机肥料。无机肥料、商品有机肥料含量一般在包装袋上都有标注养分含量，如硫酸钾含钾量为 50%、尿素含氮 46% 等。不明养分含量的有机肥料，其养分含量一般需采样测定其养分含量。

确定了以上参数后，通过计算即可得出需要施肥的数量。如果田间同时施用了有机肥料，那么，在计算化肥用量时，还必须将有机肥料的供肥量扣除。

养分平衡法的优点是概念清楚，容易理解、掌握和推广。其缺点是：由于土壤具有缓冲性能，土壤养分常处于动态平衡之中，土壤有效养分测定值只是一个相对值，它与作物养分吸收量之间不是完全的直线关系，而是对数曲线关系。因此，用一个恒定的比例常数来校正土壤测试值，其合理性值得商榷。另外，土壤养分校正系数变异较大，因不同土壤、不同作物而有所不同，很难准确求出。因此，此法的精确度受各个参数的影响较大，所以计算出的施肥量仅是一个概数。

（2）地力差减法

地力差减法是根据目标产量和土壤生产的产量差值与肥料生产的产量相等的关系来计算肥料的需要量，以此进行配方施肥的方法。作物的目标产量等于土壤生产的产量加上肥料生产的产量。土壤生产的产量是指作物在不施任何肥料的情况下所得的产量，称空白田产量，它所吸收的养分，全部取自土壤。从目标产量中减去空白田产量，就应是施肥所得的产量。肥料的需要量可按公式（3-9）计算。

$$施肥量 = \frac{作物单位产量养分量 \times （目标产量 - 空白田产量）}{肥料当季利用率 \times 肥料中有效养分含量}$$

$$(3-9)$$

地力差减法的优点是不需要进行土壤测试，避免了养分平衡法的缺点。但是，空白田产量是决定产量诸因子的综合结果，不能反映土壤中若干营养元素的丰缺情况和哪一种养分是限值因子，只能根据作物吸收量来计算需要量。一方面，不可能预先知道按产量计算出来的用肥量，其中某些元素是否满足或已经造成浪费；另一方面，空白田产量占目标产量中的比重，即产量对土壤的依赖率，是随着土壤肥力的提高而增加的。当土壤肥力越高，作物对土壤的依赖率越大时，需要由肥料供应的养分就越少，可能出现掠夺地力的情况而不能及时察觉，必须引起注意。

3.1.3.3 田间试验法

田间试验法是通过简单的田间试验进行单一对比，或应用较复杂的正交、回归等试验设计，进行多点田间试验，从而选出最优处理，确定肥料施用量。具体有养分丰缺指标法、肥料效应函数法和氮、磷、钾比例法3种推荐方法。

（1）养分丰缺指标法

即以土壤测试为主的测土配方施肥方法。养分丰缺指标法是利用土壤养分测定值与作物吸收养分直接存在一定的相关性，对不同作物通过田间生物试验，根据在不同土壤养分测定值下所得的产量的高低，把土壤的测定值按作物产量划分等级，制成养分丰缺及对应施肥量的检索表。在实际应用中，当取得某一土壤养分测定值后，对照检索表就可以了解土壤养分的丰缺情况，按级确定施肥量，作为配方施肥的依据。此方法的核心是测土，即通过对土壤养分的测定和校验研究结果，判定相应地块各种养分的丰缺程度并提出施肥建议，同时用建立在相关校验基础上的测土施肥参数和指标指导施肥实践。通常以缺素区产量占全肥区产量百分数，即相对产量的高低来表达土壤养分的丰缺情况，从而确定出适用于某一区域、某种作物的土壤养分丰缺指标及对应的施用肥料数量（鲁剑巍，2006；张福锁，2006；全国农业技术推广服务中心，2011）。

该法由于试验设计只用了一个水平的施肥量，精确度较差。由于土壤理化性质的差异、土壤氮的测定值和产量直接的相关性较差，一般只用于磷、钾和微量元素肥料的定肥。因此，应该在区内布置多水平的田间肥料试验，以便更精确地确定肥料适宜用量，做到定量施肥。此法的优点在于直感性强，定肥简捷方便，可服务到每一地块，起到了配方施肥中微观指导作用。提出的施肥种类和用量接近当地群众的经验值，农户也容易接受。但是，测定方法不同，有效养分指标也不同。同时，不同土壤、不同作物种类间的肥力指标也没有可比性，不具备宏观指导和调控功能。参数的校验和修正也需要不断改进。

测试方法的选择和指标的确定是技术的核心。我国目前应用较成熟的土壤有效氮、磷、钾测试方法分别为：土壤有效氮为碱解扩散法，土壤有效磷分别为 Olsen 法、Bray - 1 法，土壤速效钾为乙酸铵提取法。其缺点为：土壤碱解氮与植物的相关性不高，用以指导科学施肥有一定的差距；土壤有效养分丰缺指标值因测定方法不同而异，不同区域和不同作物也会有很大差别，致使提出的施肥量推荐值较多地依赖于经验，很难做到准确和定量化，也不具备宏观调控功能；我国土壤类型众多，种植体系复杂多样，田间试验数量与众多土壤类型相比显得不足，建立的针对具体地区、具体种植体系和作物的土壤养分丰缺指标体系技术覆盖面不够广泛，使其进一步的推广应用受到了限制。

另外，土壤养分丰缺指标法在不同层次上有所延伸，产生了土壤临界值法。土壤临界值法是一类测土配方施肥方法的统称，其代表方法有以下几种：

一是磷肥临界值法。其原理是以土壤加入的不同浓度水溶性磷与土壤吸附平衡后测定的土壤有效磷的比值作为磷肥指标值来推荐磷肥施用量。其特点是施肥量只考虑了不同土壤对水溶性磷肥的吸附固定能力。与之类似的还有土壤吸附等温线法、土壤磷吸收系数法等。

二是土壤速效氮临界值法。此方法是在作物生长的关键时期测定作物根层土壤的 $NO_3^- - N$，用多年试验资料中作物某一产量水平相应时期的土壤 $NO_3^- - N$ 值减去测定值的差值作为氮肥施肥推荐量。此方法测定的土壤 $NO_3^- - N$ 是一个绝对值，不需要校正。

三是土壤微量元素丰缺临界值法。作物对微量元素的敏感性差异较大，缺乏与丰富之间的范围又较窄。因此，在土壤微量元素丰缺判定和推荐施肥中用得最为普遍的是土壤微量元素的丰缺临界值。测试值高于此临界值则土壤不需要施微量元素。

不少学者在我国小区域范围内对土壤氮、磷临界值法做了许多研究与实践，取得了不少有价值的结果。但基本上都是小范围内的研究与探索，由于方法地域性很强，没能在全国进行大范围的推广与应用。

（2）肥料效应函数法

①基本原理。肥料效应函数法是以田间生物试验和生物统计为基础，采用单因素、二因素或多因素的多水平回归设计，在有代表性的地块进行布点试验，将不同处理得到的产量进行数理统计，求得在供试条件下作物产量与施肥量直接的数量关系，即肥料效应函数。根据肥料效应函数，不仅可以直观地看出不同肥料的增产效应和不同肥料配合施用的交互效应，而且还可以计算最高产量施肥量（即最大施肥量）和经济施肥量（即最佳施肥量），以作为配方施肥决策的重要依据（鲁剑巍，2006；赵君华等，2006；全国农业技术推广服务中心，2011）。

②试验设计。肥料效应函数法的田间肥料试验设计可以采用"3414"完全试验设计、部分试验设计和其他试验设计。具体如下："3414"方案设计吸收了回归最优设计处理少、效率高的优点，是目前应用较为广泛的肥料效应田间试验方案（表3-3）。"3414"是指氮、磷、钾3个因素、4个水平、14个处理。4个水平的含义：0水平指不施肥，2水平指当地推荐施肥量，1水平（指施肥不足）＝2水平×0.5，3水平（指过量施肥）＝2水平×1.5。如果需要研究有机肥料和中、微量元素肥料效应，可在此基础上增加处理。

表3-3 "3414"试验方案处理（推荐方案）

试验编号	处理	N	P	K
1	$N_0P_0K_0$	0	0	0
2	$N_0P_2K_2$	0	2	2

（续）

试验编号	处理	N	P	K
3	$N_1P_2K_2$	1	2	2
4	$N_2P_0K_2$	2	0	2
5	$N_2P_1K_2$	2	1	2
6	$N_2P_2K_2$	2	2	2
7	$N_2P_3K_2$	2	3	2
8	$N_2P_2K_0$	2	2	0
9	$N_2P_2K_1$	2	2	1
10	$N_2P_2K_3$	2	2	3
11	$N_3P_2K_2$	3	2	2
12	$N_1P_1K_2$	1	1	2
13	$N_1P_2K_1$	1	2	1
14	$N_2P_1K_1$	2	1	1

注：引自《测土配方施肥技术规范》（2011 年修订版）及《测土配方与作物配方施肥技术》（鲁剑巍，2006）。

　　试验氮、磷、钾某一个或两个养分的效应，或因其他原因无法实施"3414"完全实施方案，可在"3414"方案中选择相关处理，即"3414"的部分实施方案。这样既保持了测土配方施肥田间试验总体设计的完整性，又考虑到不同区域土壤养分特点和不同试验目的要求，满足不同层次的需要。如有些区域重点要试验氮、磷效果，可在 K_2 做肥底的基础上进行氮、磷二元肥料效应试验，但应设置 3 次重复。具体处理及其与"3414"方案处理编号对应列于表 3-4。

表 3-4　氮、磷二元二次肥料试验设计与"3414"方案处理编号对应表

处理编号	"3414"方案处理编号	处理	N	P	K
1	1	$N_0P_0K_0$	0	0	0
2	2	$N_0P_2K_2$	0	2	2
3	3	$N_1P_2K_2$	1	2	2
4	4	$N_2P_0K_2$	2	0	2
5	5	$N_2P_1K_2$	2	1	2
6	6	$N_2P_2K_2$	2	2	2
7	7	$N_2P_3K_2$	2	3	2

（续）

处理编号	"3414"方案处理编号	处理	N	P	K
8	11	$N_3P_2K_2$	3	2	2
9	12	$N_1P_1K_2$	1	1	2

注：引自《测土配方施肥技术规范》（2011 年修订版）及《测土配方与作物配方施肥技术》（鲁剑巍，2006）。

在肥料试验中，为了取得土壤养分供应量、作物吸收养分量、土壤养分丰缺指标等参数，一般把试验设计为 5 个处理：空白对照（CK）、无氮区（PK）、无磷区（NK）、无钾区（NP）和氮、磷、钾区（NPK）。这 5 个处理分别是"3414"完全实施方案中的处理 1、2、4、8 和 6（表 3 - 5）。如要获得有机肥料的效应，可增加有机肥料处理区（M）；试验某种中（微）量元素的效应，在 NPK 基础上，进行加与不加该中（微）量元素处理的比较。试验要求测试土壤养分和植株养分含量，进行考种和计产。试验设计中，氮、磷、钾、有机肥料等用量应接近肥料效应函数计算的最高产量施肥量或用其他方法推荐的合理用量。

表 3 - 5　常规五处理试验设计与"3414"方案处理编号对应表

处理编号	"3414"方案处理编号	处理	N	P	K
空白对照	1	$N_0P_0K_0$	0	0	0
无氮区	2	$N_0P_2K_2$	0	2	2
无磷区	4	$N_2P_0K_2$	2	0	2
无钾区	8	$N_2P_2K_0$	2	2	0
氮磷钾区	6	$N_2P_2K_2$	2	2	2

注：引自《测土配方施肥技术规范》（2011 年修订版）及《测土配方与作物配方施肥技术》（鲁剑巍，2006）。

③肥料效应函数。

A. 肥料的增产效应与报酬。

肥料效应是指作物产量对所施肥料的反应，用肥料效应函数来表达。肥料报酬即边际产量，是指增施单位数量肥料所引起总产量的增加额。

长期的试验研究证实，作物产量与施肥量直接存在着严密的数学关系，更多的科学家用二次抛物线形式来反映施肥量与产量的关系。由于肥料效应类型不同，肥料报酬的类型也不相同，主要有固定报酬和递减报酬2 种类型，可以用一元或者二元肥料效应方程来表达。

Ⅰ. 一元肥料效应：反映某种作物施有 1 种肥料（如氮肥）的效应函数称为一元肥料效应函数。一元肥料效应一般有 3 种模式，即直线效应、曲线效应和抛物线效应。

i. 直线效应：作物产量与施肥量直接具有极显著的增产效应，符合线性规律，可用直线方程表示。如：

$$y = b_0 + b_1 x \qquad (3-10)$$

式中：y——施肥后作物可获得的产量；

　　　　x——某种肥料的施肥量；

　　　　b_0——不施肥时的产量，即地力产量；

　　　　b_1——直线的斜率，即增产幅度。

肥料的直线效应是客观存在的，但不是普遍存在的。一般直线效应应符合以下 3 个条件：作物产量低、土壤肥力差、施肥量少。一般在低产地区，只有有针对性的补充最小养分，往往会出现直线效应的施肥模式，这种效应的肥料报酬属固定报酬类型。

ii. 曲线效应：当增加施肥量后，作物产量和施肥量直接的关系就不再是直线效应，而是呈曲线效应，其数学式可用曲线方程表示。如：

$$y = A\,(1 - e^{-\alpha}) \qquad (3-11)$$

式中：y——施肥后作物可获得的产量；

　　　　A——处理间的最高产量；

　　　　c——效应系数；

　　　　x——某种肥料的施用量。

肥料的曲线效应反映了肥料报酬递减的本质特征，因此是作物达到最高产量之间普遍存在的事实。这种曲线效应的肥料报酬属于递减报酬类型。

iii. 抛物线效应：当施肥量继续增加超过最高产量的施肥量时，此时作物产量不是上升而是下降，边际产量出现负值（即负效应）。这种肥料效应可用一元二次方程来描述。如：

$$y = b_0 + b_1 x + b_2 x^2 \qquad (3-12)$$

式中：y——施肥后作物可获得的产量；

　　　　x——某种肥料的施用量；

　　　　b_0——不施肥时的产量，即地力产量；

　　　　b_1——施肥的增产效应趋势；

　　　　b_2——过量施肥后，作物产量曲线下降的趋势。

肥料的抛物线效应反映了一元肥料效应的全过程。当回归系数 b_2 等于零时，为直线效应；当 b_2 大于零时，为曲线效应；当 b_2 小于零时，即为抛物线效应。在施肥实践中，应以最高产量施肥量（即最大施肥量）为合理施肥的高限，超过此限度即属不合理的施肥阶段。

Ⅱ．二元肥料效应：在生产实践中，大多数农田不仅缺氮，而且同时也缺磷或缺其他养分。因此，作物产量往往受两种养分的制约，及时补充这两种养分，作物才能获得高产。反映两种肥料的效应称为二元肥料效应，可用二元二次多项式表示。如：

$$y=b_0+b_1x+b_2x^2+b_3z+b_4z^2+b_5xz \qquad (3-13)$$

式中：y——施用两种肥料后的作物产量；

　　x、z——氮（N）、磷（P_2O_5）养分或相应的肥料；

b_0，…，b_5——6 个偏回归系数；

　　b_0——不施肥时的地力产量；

b_1 和 b_3——氮和磷的增产效应趋势；

b_2 和 b_4——过量施肥时的曲率变化；

　　b_5——施用两种养分时的交互效应。

二元肥料效应的模式，不是平面的曲线，而是立体的曲面图形。二元肥料效应函数是以田间生物试验所获得的产量数据为依据，经过数理统计方法建立起来的。因此，能客观地反映不同土壤条件下的肥料效应。根据肥料效应函数可以求得以获得最高产量为目标的最大施肥量和以获得最高经济效益为目的的最佳施肥量。它们是推荐施肥中施肥决策的重要依据（赵君华等，2006）。

B. 肥料效应的 3 个阶段。

第一阶段——不完全合理施肥阶段：总产量随施肥量的增加而增加，平均增产量随施肥量的增加而增加，直至最高，此点为第一阶段和第二阶段的分界线，边际产量随施肥量的增加而增加，直至总产量曲线上的转折点时达最高，以后递减。作物的增产潜力没有得到充分发挥。

第二阶段——完全合理施肥阶段：总产量随施肥量的增加而增加，但增产速度逐渐慢下来，平均增产量随施肥量的增加而不断下降，边际产量随施肥量的增加而不断下降，直至为零，总产量达最高，但施肥的总收益已开始下降，故属于合理施肥阶段，也称效益递减阶段。

第三阶段——不合理施肥阶段：总产量随施肥量的增加而下降，平均增产量继续下降，边际产量出现负值，总收益明显降低，故为不合理施肥阶段。

平均增产量：单位施肥量的农作物总增产量。平均增产量＝$\Delta Y/X$，

$\Delta Y = Y - Y_0$。

边际产量：每增施单位量肥料所增加的总产量。如果 $MP = \Delta Y / \Delta X$ 表示平均边际产量，如果 $MP = dY/dX$ 表示精确边际产量，即总产量曲线上某点的斜率。

边际收益：边际产量乘以产品价格称为边际收益。

边际成本：即肥料价格。

④施肥量的计算。根据肥料效应函数（通过田间试验数据求得）计算施肥量时配方施肥决策的重要内容。

第一，最大施肥量的确定。一般把每增投一单位肥料时所增加的产量称为边际产量，用 dy/dx 表示。在肥料效应变化中，当边际产量等于零时，作物产量即达最高点，此时的施肥量为最大施肥量或最高产量施肥量。

因此，根据肥料效应函数计算最大施肥量，可用 $dy/dx = 0$ 表示。

第二，最佳施肥量的确定。在肥料效应研究中，当边际效益（$dy \cdot P_y$）与边际成本（$dx \cdot P_x$）相等时，此时边际利润为零，而单位面积的经济效益最大。

如上所述，最佳施肥量可定义为单位面积获得最大经济效益的施肥量，其计算可用公式（3-14）表示。

$$dy \cdot P_y = dx \cdot P_x \qquad (3-14)$$

式中：P_x——肥料价格；

P_y——产品价格。

肥料效应函数法是以田间试验为基础而不是测定土壤，其优点是能客观地反映影响肥效诸因素的综合效果，计算出的施肥量精确度高、反馈性好。缺点是需要在不同类型土壤上布置多点试验，预先做大量复杂的田间试验、大量的室内测定和复杂的数据统计计算才能求出肥料效应方程，试验费用高。要想取得较为准确的结果，需要积累不同年度的资料，时间较长。同时，由于年份之间的气候差异，其重现性较差。而求出的方程具有地区局限性，具有严格的地域性，仅适合做田间试验的区域，不能到处借用，使其大面积推广应用受到限制（浙江农业大学，1990）。

（3）氮、磷、钾比例法

通过一种养分的定量，然后按各种养分直接的比例关系来决定其他养分的肥料用量。例如，以氮定磷、定钾，以磷定钾等。具体操作是通过田间试验，在一定地区的土壤上，取得某一作物不同产量情况下各种养分之间的最好比例，然后通过对一种养分的定量，按各种养分之间的比例关系，来决定其他养分的肥料用量。

这种方法的优点是减少了工作量，也易为群众所掌握，推广起来比较方便迅速。缺点是作物对养分吸收的比例和应施肥料养分之间的比例是不同的，在实际应用上不一定能反映缺素的真实情况。由于土壤各养分的供应强度不同，因此，作为补充养分的肥料需要量只是弥补了土壤的不足。所以，推行该方法时，必须预先做好田间试验，对不同土壤条件和不同作物品质确定相应的符合客观要求的氮、磷、钾比例及其用量。

3.1.3.4　农作物营养诊断法

农作物营养诊断法是建立在植物营养化学基础上的施肥技术，其核心是通过测试植物的营养状况来指导施肥。目前，常用的植物营养诊断方法有植物组织全量分析法、植物组织速测法、DRIS 法和果树叶分析法等。作物组织的测定结果能够直接反映作物当时的营养状况，但诊断指标受气候、品种和生长条件等多方面的影响。因而，该方法只能定性地反映出作物植株中养分含量的高低，而不能准确地判断出需要施用的肥料数量。植物组织全量分析方法相对较烦琐；DRIS 法中不同营养元素的比例有较大的主观性而国内外很少应用；组织速测法因测定方法准确度和精确度较低而大面积的推广应用也受到限制。作物营养诊断法国内外应用较成功的是果树的叶分析法。

3.1.3.5　土壤、植株快速测试优化推荐施肥技术

土壤、植株快速测试优化推荐施肥技术是在 20 世纪 90 年代由中国农业大学研究并建立起来的。土壤养分速测是一种相对于常规分析速度更快捷、成本更低廉、测试设备更简便、测试精度能满足测土配方施肥要求的土壤养分测试技术与装备。其核心是降低土壤测试的成本。如土壤水分速测技术采用电容测量法、电导测量法等，土壤养分联合浸提技术，土壤有机质采用了重铬酸钾氧化比色法等。

中国农业大学在引进美国、德国的土壤和植株快速测试技术的基础上，针对华北平原主要作物体系进行了研究，根据氮、磷、钾养分资源特征的不同，提出了"同步作物根系吸收与土壤供应的氮肥实时监控—磷、钾肥恒量监控—微量元素因缺补施"的技术体系。在氮肥的总量控制上，土壤、植株快速测试优化推荐施肥技术摒弃了传统的二次型模型，引入了更能表征目前生产中作物做肥料反应的"线性加平台模型"（或"两条相交的直线

模型")或"二次型加平台"模型，不仅拟合程度较好，而且可以在产量不减的前提下有效地减少氮肥用量，提高氮肥的经济效益。这种方法在兼顾作物高产的前提下考虑了施肥的后效和对环境的影响，代表了近期我国测土施肥的水平（全国农业技术推广服务中心，2011；张福锁，2006）。

3.1.4　施肥技术

施肥技术包括：施肥时期、施肥方法和施肥深度3个方面，三者相互配合，以满足作物整个生育期养分的充分供应。

3.1.4.1　施肥时期

正常营养是作物高产优质的基础。因此，合理施肥必须根据作物的营养特点、土壤、气候等因素，最大限度地满足作物对养分的需要。作物的营养特点是合理施肥的重要依据。

研究、掌握作物不同营养阶段的特点，对指导合理施肥意义重大。作物的营养特点是合理施肥的重要依据，作物的营养特点随作物生长发育而改变，每一生长发育期、在作物生长中以及形成产量方面都具有重要的意义；而且在不同的时期，对营养条件有着不同的要求。因此，合理施肥不仅要了解作物营养的一般特点，还必须研究不同生育期内作物的营养特点。只有了解了作物在不同生育期对营养条件的要求，才能根据不同的作物，在不同的时期有效地运用施肥手段调节营养条件，达到提高产量和改善品质的目的。

作物从种子萌发到种子形成这一整个生长周期中，要经历许多不同的生长发育阶段。在这些阶段中，除前期种子营养阶段和后期根部停止吸收养分阶段以外，其他阶段都要通过根系从土壤中吸收养分。作物通过根系从土壤中吸收养分进行营养的整个时期，叫作物营养期。作物营养期包括几个不同阶段，每个阶段对营养条件，如营养元素的种类、数量和比例等，都有不同的要求，这一特性叫作物营养的定期性或阶段性。

作物在生长发育过程中，常有一个时期，对某种养分的需求绝对数量虽不多，但很迫切，这种养分缺少或过多时，会对作物的生长发育造成损失，这种损失，即使以后补施也很难纠正或者弥补，这个时期叫作物营养的临界期。作物营养的临界期，多出现在作物发育的转折时期，但是对不同养分，临界期的出现并不完全相同，一般作物的生长初期对外界环节条件具有较高的敏感性。从苗期营养看，种子萌发后的最初阶段，应保持适当低的营养水平，避免溶液浓度过高，幼苗遭受盐的迫害；但是由于幼嫩根系吸收力弱，还必须有一定的易于被作物吸收的养分，特别是磷和氮。研究指出，大多数作物磷的临界期营养出现在幼苗期，因此可以施用磷肥作为种肥。总之，加强苗期营养是十分重要的，"十处肥田，不如一处肥秧"，概括了加强苗期营养的重要意义。但是必须注意，苗期一般需要养分较少，特别是氮肥的施用，切忌过多，应根据土壤的肥力水平、播前的施肥数量和苗的长相酌情施用。

在作物生长发育的某一时期，所吸收的某种养分能发挥其生产最大潜力的事情，叫作物营养的最大效率期。这一时期，从作物外部形态看，作物生长迅速，吸收养分的能力很强，如果能及时满足作物养分的需要，对提高产量的效果非常显著。各种肥料对作物不同生长期的营养效果不一样，如马铃薯在生长初期，氮肥的营养效果较好；而在块茎膨大时，则磷、钾的营养效果较好。这说明各种营养物质的最大效率期也并不是完全相同的。

作物的营养临界期和营养最大效率期是整个生育期中两个关键性的施肥时期，若能及时保证供应作物的营养，对提高作物产量具有重要意义。但是，作物营养的各个阶段是相互联系、彼此影响的，一个阶段情况的好坏，必然会影响到下一阶段作物的生长与施肥效果。因此，既要注意关键时期的施肥，又要考虑各个阶段的营养特点，采用基肥、种肥、追肥结合的施肥方法，因地制宜制订合理的施肥计划，才能充分满足作物对养分的需求（施木田和陈少华，2002；侯雪坤，2008）。

（1）基肥

在作物播种或移栽前施用的肥料称基肥。施用基肥的主要作用是培肥地力、改良土壤，并能较长时间供给作物所需的养分。一般基肥的施用量较大，可用几种肥料，如有机肥料和氮、磷、钾肥同时施用，也可与机械作业结合进行，施肥的效率高，肥料能施得深。对多年生作物，一般把秋、冬季施用的肥料称作基肥。化肥中，磷肥和大部分钾肥主要做基肥施用，对生长期短的作物，也可把较多氮肥用作基肥。

基肥的施用原则主要有：

①结合深耕施肥，把缓效肥料施于土壤耕层的中下部，土壤耕层的上部施用速效肥料，做到分层施肥，缓效与速效肥料结合，充分发挥肥料的增产作用。对挥发性氮肥应深耕施用，磷肥、钾肥要深施、条施或穴施。可提高氮肥利用率20％左右，提高磷肥、钾肥利用率8％左右。

②集中施用，施肥应尽量采取集中条施或穴施在播种行内，以提高肥效。

③多种肥料混合施用，按照各种作物的营养特性和土壤供肥特点，推广多种肥料混合施用，调整肥料中的养分比例，以相互促进，提高肥效。

一般来说，复合肥作为底肥施用，较其他肥料单独施用或混合施用有一定的优势。复合肥具有养分含量高、副成分少且物理性状好等优点，对于平衡施肥、提高肥料利用率、促进作物的高产稳产有十分重要的作用。养分比例灵活多样，可以满足不同土壤、不同作物所需的营养元素种类、数量。

随着粮食产量的提高，土壤缺素的现象开始表现出来，现在农户开始更多地选用多元复合肥。有针对性地补充作物所需的营养元素，实现各种养分平衡供应，满足作物需要；达到提高肥料利用率和减少用量、提高作物产量、改善农产品品质、节省劳力、节支增收的目的。

虽然，现在大多数复合肥都是多元的，但仍然不能完全取代有机肥料，应该尽可能地增加腐熟有机肥料的施用量。复合肥与有机肥料配合施用，可提高肥料和养分的利用率。有机肥料的施用，不仅可以改良土壤、活化土壤中的有益微生物，更能节省能源，减轻环境的污染，达到绿色食品生产的需求。

复合肥肥效长，宜做基肥。试验表明，不论二元还是三元复合肥均以基施为好。复合肥不宜用于苗期肥和中后期肥，以防贪青徒长。

复合肥浓度差异较大，应注意选择合适的浓度。目前，多数复合肥都是按照某一区域土壤类型平均养分和大宗农作物需肥比例配置而成。应因地域、土壤、作物不同，选择使用经济、高效的复合肥。

复合肥浓度较高，要避免种子与肥料直接接触，否则会影响出苗甚至烧苗、烂根。播种时，种子要与穴施、条施复合肥相距5～10cm，切忌直接与种子同穴施，造成肥害。复合肥配比原料不同，应注意养分成分的使用范围（王运华和胡承孝，1999；杨业新等，2012）。

(2) 种肥

种肥是与作物种子播种或幼苗定植时一起施用的肥料。施种肥可以节约肥料、提高肥效，为种子萌发和幼苗生长创造良好的营养和环境条件。尤其是土壤贫瘠和作物苗期低温、潮湿、养分转化慢的区域，苗期作物幼根吸收力弱，影响根系生长和作物前期的营养生长。一方面，表现在供给幼苗养分特别是满足植株营养临界期时养分的需要；另一方面，腐熟的有机肥料做种肥还可以改善种子床和苗床物理性状。

在春播的同时，肥料的使用对粮食的丰产增收起到一定的作用，而种肥是最经济有效的施肥方法。由于肥料直接施于种子附近，要严格控制用量和选择肥料品种，以免引起烧种、烂种，造成缺苗断垄。

种肥的施用方式有多种，如拌种、浸种、条施、穴施或蘸根。蘸根是对水稻等作物在幼苗移栽时，把肥料稀释成一定浓度（一般是 0.01%～0.1%）的溶液，把作物的根部往肥液中蘸一下即插栽。成活率高、操作方便、效果良好。另外一种方式是在播种前将种子包上一层含有肥料的包衣，如包在玉米种子或紫云英种子上，也称种子球化，能起到较好的种肥作用。

在采用机械播种时，混施种肥最方便，但混施的肥料只限于腐熟的有机肥料和缓效肥料，一般可施于播种行、播种穴或定植穴中，即种子或幼苗根系附近；也可在作物种子播种时将肥料与泥土等混合盖于种子上，俗称盖籽肥。用作种肥的肥料，以易于被作物幼根系吸收，又不影响幼根和幼苗生长为原则。因此，要求有机肥料要充分腐熟，化肥要求速效，但养分含量不宜太高，酸碱度要适宜，在土壤溶液中的解离度不能过大或盐度指数不能过高，以防在种子周围土壤水分不足时与种子争水，形成浓度障碍，影响种子发芽或幼苗生长。氮肥中以硫铵为好，磷肥中可用已中和游离酸的氨化普钙，钾肥中可用硫酸钾。其他品种的化肥，只有在严格控制用量并与泥土等掺和后才可用。微量元素肥料也可同时掺入，但数量应该严格控制。

种肥的用量一般很少，氮肥、磷肥、钾肥实物量一般每亩在 3～5kg，有机肥料最好能腐熟过筛，一般在种子重量的 2 倍左右。

(3) 追肥

作物生长期间所施的肥料统称追肥。作物的生长期越长，植株越高大，追肥的必要性越大。追肥一般用速效化肥，有时也配施一些腐熟有机肥料。追肥的时间由每种作物的生育期决定，如水稻等粮食作物的分蘖期、拔节期、孕穗期和番茄等的开花期、坐果期等。由于同一作物的全生育期中，可以追肥几次，因此具体的追肥时期常以作物的生育时期命名，如水稻、小麦有分蘖肥、拔节肥、穗肥等，对结果的作物有开花肥、坐果肥等。

在不同时期所施用的肥料对增产的效果有很大的差别。其中，在营养最大效率期，肥料的营养效果好。各种作物的营养最大效率期是不同的，可以通过田间试验确定。如小麦追肥应在 3 叶期，每亩追施 3～12kg 尿素，小麦后期根系从土壤中吸肥能力减弱，因此应该在抽穗开花期根外追肥一次，每亩可用磷酸二氢钾 200g，加尿素 1kg，兑水 30kg 喷雾。水稻对氮肥的吸收是从返青后开始逐渐增加的，分蘖盛期才达到吸肥最高峰。

为了促进水稻早发棵、早分蘖，应早施和重施分蘖肥。可在插秧后 7～10d，每亩追施尿素 5～10kg，抽穗时再追尿素 7kg。也可以考虑按照比例混合复合肥做追肥，提高磷钾养分。

3.1.4.2　施肥方法

施肥方法就是将肥料施于土壤中的途径与方式。科学施肥方法的基本要求是：尽量施于作物根系易于吸收的土层，提高作物对化肥的利用率；选择适当的位置与方式，以减少肥料的固定、挥发和淋失。在施肥方法上，根据作物种类、土壤条件、耕作方式、肥料用量和性质，采用不同的施用方法。目前常用的施肥方法中，基肥有全层施肥法、分层施肥法、撒施法、条施法和穴施法等；追肥有撒施法、条施法、穴施法、环施法、冲施法和喷施法等；种肥有拌种法、浸种法、蘸秧根法和盖种肥法等。最常用的施肥方法有撒施、条施、穴施、轮施和放射状施肥等（全国农业技术推广服务中心，2011；杨业新等，2012）。

（1）撒施

撒施是将肥料用人工或机械均匀撒施于田面的方法，属表土施肥，主要满足作物苗期根系分布浅时的需要。一般未栽种作物的农田施用基肥时，或大田密植的粮食作物（如水稻、小麦）施用追肥时，常用此法。有机肥料和化肥均可采用撒施。撒施结合土壤耕作措施，如耕耙作业，将肥料施于耕地前或耕地后耙地前，均可增加土壤与化肥混合的均匀度，实现土肥相融，有利于作物根系的伸展和早期吸收。但是，在土壤水分不足、地面干燥或作物种植密度稀，又无其他措施使肥料与土壤混合时，撒施的肥料易于被雨水或灌溉水冲走，导致易挥发，也易于被地表杂草幼苗吸收，增加了肥料的损失，降低了肥效。

（2）条施

开沟将肥料成条地施用于作物行间或行内土壤的方法称为条施。一般基肥和追肥可采用条施的方法。条施可用机械或手工进行。条施比撒施肥料集中，有利于将肥料施到作物根系层，并可与灌溉措施相结合，更易达到深施的目的。而深施是化肥施用时大力提倡的方法。在多数条件下，条施肥料都需要开沟后施入并覆土，有利于提高肥效。在土面充分湿润或作物种植行有明细土垄分隔时，也可事先不开沟，而将肥料成条施用于土面，然后覆土。

（3）穴施

在作物预定种植的位置或种植穴内，或在苗期按株或在两株间开穴施肥称穴施（图 3-1）。穴深 5～10cm，施后覆土。

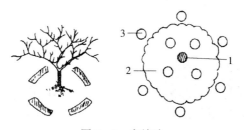

图 3-1 穴施法

1. 树干 2. 树冠投影 3. 施肥穴

注：引自《果园测土配方施肥技术百问百答》（劳秀荣等，2008）。

穴施是一种比条施更能使肥料集中的施用方法。对单株种植的作物，若施肥量较小并且必须计株分配肥料或需与灌水相结合、又要节约用水时，一般都采用穴施。穴施也是一些直播作物将肥料与种子一起放入播种穴（种肥）的好办法。

有机肥料和化肥都可以采用穴施。为了避免穴内浓度较高的肥料伤害作物根系，采用穴施的有机肥料必须预先充分腐熟，化肥需适量，施肥穴的位置和深度应注意与作物根系保持适当的距离。施肥后覆土前尽量结合灌水，化肥施用效果会更好。

（4）轮施和放射状施

轮施和放射状施是以作物主茎为圆心，将肥料做轮状或放射状施用。一般这种方法用于多年生木本作物，尤其是果树。这些作物的种植密度稀，株间距离远，单株的根系分布与树冠面积大，而主要吸收根系呈轮状集中的分布在周边，如果采用条施、撒施或穴施的施肥方法，很难使肥料与作物根系充分接触，肥料利用率不高。

①轮施的基本方法为以树干为圆心，沿地上部树冠边际内对应的田面开挖轮状施肥沟，施肥后覆土。沟一般挖在边线与圆心的中间或靠近边线的部位，可围绕圆心挖成连续的圆形沟，也可间断地以圆心为中心挖成对称的 2～4 条、一定长度的月牙形沟。施肥沟的深度随树龄和根系分布深度而异，一般以施至吸收根系附近又能减少对根的伤害为宜。施肥沟的面积一般比大田条施时宽。在秋、冬季对果树使用大量有机肥料时，也可结合耕地松土在树冠下圆形面积内普施肥料，施肥量可稍大。

②放射沟施肥。以树干为圆心，等距离挖 6～8 条放射状沟（图 3-2），深 50cm 左右（沙地可适当浅挖，以 30～40cm 为宜），且要求内浅外深，沟长与沟深因树龄、树冠大小与肥料种类而定，一般以树冠外围为中心，内外各 1/2；然后将肥料施入，并注意冠外多施、冠内少施。翌年以

同样的方法，调换施肥位置；如此也能达到全园施肥的目的。

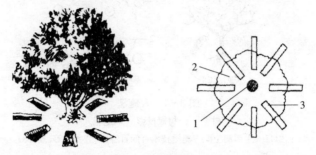

图 3-2 放射沟施肥

1. 树干 2. 树冠投影 3. 放射状沟

注：引自《果园测土配方施肥技术百问百答》(劳秀荣等，2008)。

③条沟施肥。在果树行间、树冠滴水线内外，挖宽 20～30cm，深约 30cm 的条状沟，将肥料施入，也可结合深翻进行，每年更换位置。此法适宜于宽行密株栽植的果园采用，较便于机械化操作（图 3-3）。

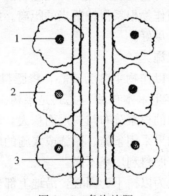

图 3-3 条沟施肥

1. 树干 2. 树冠 3. 条状沟

注：引自《果园测土配方施肥技术百问百答》(劳秀荣等，2008)。

④环状施肥。又叫轮状施肥（图 3-4），于树冠外围 20～30cm 处挖一条宽 50cm、深 50cm 的环状沟，将肥料施入即可；此法对水平根的伤害较多，且作用面积较小；一般多用于幼树期。此法具有操作简便、经济用肥等优点，适于幼龄树使用。但挖沟时易切断水平根，且施肥范围较小，易使根系上浮而分布于表土层。

⑤全园施肥。只适用于成龄园。具体方法是将肥料均匀地撒布于全园，之后翻入土中。密植园可采用全园施肥，但因施入深度不够，同时根

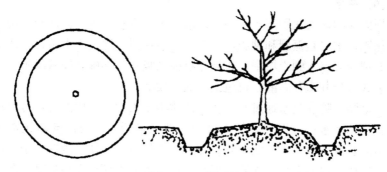

图 3-4　环状施肥

注：引自《果园测土配方施肥技术百问百答》（劳秀荣等，2008）。

系又具有向肥性，常会造成根系上浮，降低根系的抗逆性和树体的抗旱耐涝能力。幼树期根系尚未布满全园，如进行全园施肥，会造成人力和物力的浪费，所以不宜采用。

（5）根外追肥

根外追肥又称叶面施肥，是将水溶性肥料或生物性物质的低浓度溶液喷洒在生长中的作物叶片上的一种施肥方法。可溶性物质通过叶片角质膜经外质连丝到达表皮细胞原生质膜而进入植物体内，用以补充作物生育期中对某些营养元素的特殊需要或调节作物的生长发育。

根外追肥用量少、肥效快，是一种辅助性的施肥措施。对氮、磷、钾大量元素来说，作物生长后期根系吸收力弱，可以及时补充养分吸收的不足。对微量元素根外追肥更有意义。但是要注意，根外追肥并不能替代土壤施肥，气候状况对根外追肥的效果影响很大。此外，还有浸种、拌种、蘸秧根、灌溉施肥等方法，各有其应用的条件和效果。

根外追肥的特点是：

①作物生长后期，当根系从土壤中吸收养分的能力减弱时或难以进行土壤追肥时，根外追肥能及时补充植物养分。

②根外追肥能避免肥料土施后土壤对某些养分所产生的不良影响，及时矫正作物缺素症。

③在作物生育盛期当体内代谢过程增强时，根外追肥能提高作物的总体机能。根外追肥可以与病虫害防治或化学除草相结合，药、肥混用，但要注意混合不产生沉淀时才能混用，否则会影响肥效或药效。

施用效果取决于多种因素，特别是气候、风速和溶液持留在叶面上的时间。因此，根外追肥应在天气晴朗、无风的下午或傍晚进行。

（6）冲施

把固体的速效化肥溶于水中并以水代肥的方式施肥。冲施肥常用于水溶性化肥，主要是氮肥和钾肥，二者的水溶性强，通过肥水结合，让可溶性的氮钾养分渗入到土壤中，再被作物根系吸收。冲施肥即灌溉施肥，而灌溉方式可分井灌和畦灌，也包括滴灌、喷灌。

①喷灌。喷灌是水通过水泵将水流喷洒于田中。其优点有：可以较方便地施肥和灌水；可以在有较大坡度的地区进行，但要注意防止水土流失；喷灌装置不会严重压实土壤；在追肥条件下，即使喷洒在叶子上，由于浓度很稀，也不会灼伤作物，但在风速较大或喷灌出现故障时，存在肥料分布不均匀的问题。

②滴灌。滴灌是在低压情况下，把灌溉水通过等距离细管和滴头输送到根际土壤中。采用控制滴头数量和流速来控制用水量。

冲施肥主要是在蔬菜生长的旺盛季节追肥用的，广泛用于大棚和露地蔬菜上。由于冲施肥的肥效来得快，一般冲后 2～5d 就可见效，反映在叶色和株高上变化明显。冲施肥单次的养分量一定要规范。在高产蔬菜种植中，每次的纯氮用量应控制在 30～60kg/hm²，尤其是硝态氮素要控制在 30～45kg/hm² 以下，有限次数的钾肥用量（氧化钾）一般在 30～60 kg/hm²。否则，养分损失大，降低了利用率，又造成了水质污染。全生育期的冲施肥一般以 2 次为宜。

冲施肥的时期是在作物大量生长期。例如，果菜类在盛果期，采摘瓜果后冲施；大白菜在包心期。在秋菜的种植中，选择气温下降、土壤矿化作用下降，而蔬菜作物又是大量生长期为宜。对灌水量进行控制，畦灌方式下防止大水漫灌，渠灌时沟深与水量要适宜，防止溶于水中的养分随水流失。

（7）不合理的施肥方式

①施肥浅或表施。肥料易挥发、流失或难以到达作物根部，不利于作物吸收，造成肥料利用率低。

②对叶（茎）菜过多施用氯肥。用氯化铵和氯化钾生产的复合肥称为双氯肥，含氯约 30%，易烧苗，要及时浇水。盐碱地和对氯敏感的作物不能施用含氯肥料。对叶（茎）菜过多施用氯化钾等，不但造成蔬菜不鲜嫩、纤维多，而且使蔬菜味道变苦、口感差、效益低。尿基复合肥含氮高，缩二脲含氮也略高，易烧苗，要注意浇水和施肥深度。

③施肥方法不当。由于施用方法不当，可能造成肥害，发生烧苗、植株萎蔫等现象。例如，一次性施用化肥过多或施肥后土壤水分不足，会造成土壤溶液浓度过高，作物根系吸水困难，导致植株萎蔫，甚至枯死。此

外，土壤中铵态氮过多时，植物会吸收过多的氨，引起氨中毒。

④过多施用某种营养元素。过多施用某种营养元素，不仅会对作物产生毒害，还会妨碍作物对营养元素的吸收，引起缺素症。例如，施氮过量会引起缺钙，硝态氮过多会引起缺钼失绿，钾过多会降低钙、镁、硼的有效性，磷过多会降低钙、锌、硼的有效性。

⑤鲜人粪尿直接施用于蔬菜。未腐熟的禽畜粪便在腐烂过程中，会产生大量的硫化氢等有害气体，易使蔬菜种子缺氧窒息；会产生大量热量，易使种子烧种或发生根腐病，不利于蔬菜种子萌芽生长。

3.1.4.3 施肥深度

为了使施用的肥料尽量接近根系，增加被作物吸收的机会和提高肥效，现代施肥技术中都很重视施肥的深度。基本趋势是减少表面施用，增加施肥深度。不同施肥深度对肥料的增产效果和利用率有明显影响（鲁剑巍，2006）。

施肥深度直接决定肥料在土壤中的位置，进而决定着肥料与不断伸展的作物根系的相互关系。

（1）表面施肥

表面施肥是将肥料撒施于土面的方法。肥料在土壤中分布浅，一般只在耕作层上部的几厘米，主要满足作物苗期、根系分布浅时的需要。肥料施于表面易被雨水或灌溉水冲走，易导致挥发等损失，也易被土面新发芽的杂草幼苗所吸收。因此，除密植作物的后期难以进行机械和人工施肥时采用撒施表面外，不论有机肥料和化肥都提倡深施。

（2）全耕层施肥

全耕层施肥是将肥料与耕作层土壤混合的施肥方法。深 0～10cm，也有深至 15cm 左右的。利用机械耕耙作业进行全层施肥最为方便，一般在完成耕地作业后，将肥料撒施在耕翻过的土面上，然后用旋耕机或耙进行碎土整地作业，使肥料混合进入耕作层土壤中。采用人工施肥时，需在施肥的田间不断捣翻土壤，以便肥料混合于耕作层中，比较费工。这种施肥方法的主要好处是肥料能均匀分布于耕作层中，有利于作物在一段时期内根系的伸展和吸收，作物的长势均匀。但采用这一方法每次所需的肥料量较多。如果肥料较少，难以达到均匀施肥。

（3）分层施肥

为了兼顾作物生长的早期与晚期需肥，又能减少施肥次数，可在作物种植前实行对不同土层的分层施肥。最常见的是双层施肥，即把施肥总量中一定比例的肥料，利用机械耕翻或人工将其翻施入耕作层下部，深10～20cm，然后将其余部分肥料再施于翻转的土面上，在耙地碎土时混入耕作层上部土层中，深0～10cm。作物生长的早期，主要利用分布在上部的肥料，晚期可充分利用下部的肥料。实施这种方法，一次施肥量可较大，施肥次数少，肥效高。对应用地膜覆盖栽培的作物，为了尽量不破膜追肥，尤其适宜这种方法。

3.2　堆肥技术

堆肥是适用于绿色食品的有机肥料，堆肥化可实现绿色食品基地农牧业废弃物进行无害化、资源化。本节主要介绍堆肥的概念、积制方法、积制条件、种类等。

绿色食品是无污染、优质和营养类食品的统称。因此，绿色食品生产基地必须具备良好的生态环境条件，即基地必须位于无污染源威胁和基地本身产生的农业废弃物不污染自身环境与外界环境并得到正确处理和利用的地区。这些农业废弃物包括秸秆、畜禽粪便和果树枝叶等。

堆肥化是在微生物作用下通过高温发酵使农业废弃物中有机物矿质化、腐殖质化和无害化而变成腐熟肥料的自然过程。在微生物分解有机物过程中，不但生成大量可被植物吸收利用的有效态氮、磷、钾化合物，而且又合成新的高分子有机物——腐殖质，它是构成土壤肥力的重要活性物质。因此，堆肥化处理是农业废弃物无害化与资源化的有效途径。

3.2.1　堆肥的概念

堆肥是利用秸秆、落叶、杂草、泥土、垃圾、生活污水及人粪尿、家畜粪尿等有机物和适量的石灰混合堆积腐熟而成的肥料。放置在任一场所的有机固体废弃物在湿度、通风条件满足的情况下，如秸秆堆垛、垃圾堆垛，会自动产生热量，尤其在冬季这种现象更为明显，会产生大量热蒸气。堆肥化就是在人工控制下，在一定的水分、C/N和通风条件下通过微生物的发酵作用，将有机物转变为肥料的过程。在这种堆肥化过程中，有机物由不稳定转化为稳定的腐熟物质，因此对环境，尤其土壤环境不构成危害，堆肥化的产物称为堆肥。有机肥料生产就是利用堆肥化技术进行商品化生产有机肥料的过程。

自然界中很多微生物具有氧化、分解有机物的能力。实践证明，利用微生物在一定温度、湿度和pH条件下，使有机物发生生物化降解，形成一种类似腐殖质土壤的物质，用作肥料和土壤改良剂，在热力学上是完全可能的。这种利用微生物降解有机固体废弃物的方法称生物处理法，一般又称堆肥化，其过程如图3-5所示。

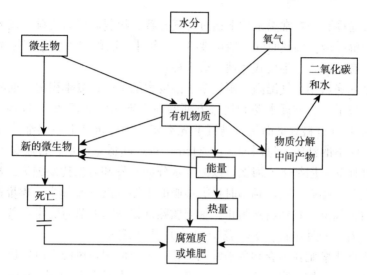

图3-5　堆肥化过程

注：引自《新型肥料》（赵秉强等，2013）。

堆肥化过程是地球表面生态过程中的一部分，并在不断地发挥着重要的作用。如可使地表残留的枯枝落叶、杂草、树皮和其他半固体的有机物分解，再进一步参与到物质和能量的循环中去。在堆肥化过程中，伴随着有机物分解和腐熟物形成的过程，堆肥的材料在体积和重量上也在发生明显地变化。通常由于碳素等挥发性成分分解转化，重量减少1/2左右，体积也减少1/2左右。

堆肥化过程虽然是在20世纪才发展起来的科学技术，但在几个世纪的历史过程中，农民一直将这种办法用于制造有机肥料，如将人粪尿、不能食用的烂菜叶子、动物粪便、废物垃圾等经堆肥化变为肥料。其方式是将待堆制的有机材料堆成垛，然后在自然条件下分解直至达到一种"稳定"的程度，即土壤可接受的程度。这种过程较少或无人为控制，其产品可以为土壤提供大量腐殖质物质和以有机状态存在的营养物质如氮、磷和钾等。

堆肥的基本性质与厩肥近似，属热性肥料。堆肥养分齐全，C/N大，肥效持久，长期施用堆肥可以起到改良土壤的作用。

3.2.2 堆肥的积制方法

3.2.2.1 普通堆肥

普通堆肥是在常温条件下通过嫌气分解、积制而成的肥料。该方法有机质分解缓慢，腐熟时间一般需要 3～4 个月。堆积方法随季节等条件而不同，有平地式、半坑式及地下式 3 种。

平地式适用于气温高、雨量多、湿度大的地区或夏季积肥。堆前选择地势干燥平坦、靠近水源和运输方便的地点堆积。堆宽 2m，堆高 1.5～2m，堆长以材料数量而定。堆置前先夯实地面，再铺上一层细草或草炭以吸收渗下的汁液。每层厚 15～24cm，每层间适量加水、石灰和人粪尿等，堆顶盖一层细土或河泥，以减少水分的蒸发和氨的挥发损失。堆置 1个月左右，翻捣一次，翻捣时根据堆肥的干湿程度适量加水，再堆制约 1个月后再翻捣，直到腐熟为止。堆肥腐熟的快慢随季节而变化，夏季高温多湿，需 2 个月左右，冬季需 3～4 个月可以腐熟。

半坑式堆肥在早春和冬季常用。首先选择向阳背风的平坦处建坑。坑深 0.6～1m，坑底宽 1.5～2m，长 2.5～4m，坑底坑壁有井字形通气沟，沟深 15～20cm，通气沟交叉处立有通气塔。堆肥高出地面 1m，加入风干秸秆 50kg，堆顶用泥土封严。堆后一周温度上升，高温期后，堆内温度下降，可以翻捣，使堆内上下里外均匀混合，再堆制直到腐熟为止。

深坑式，也叫"地下式"。坑深 2m，全部在地下堆制，堆制方法与半坑式相似。

3.2.2.2 高温堆肥

高温堆肥是在通气良好、水分适宜、高温（50～70℃）的条件下，好热性微生物对纤维素进行强烈地分解、积制而成肥料。由于好热性微生物的存在，有机质分解加快。在堆肥过程中，原料中的溶解性有机物质透过微生物的细胞壁和细胞膜而为微生物所吸收，固体的和胶体的有机物先附着在微生物体外，由微生物所分泌的胞外酶分解为溶解性物质，再渗入细胞。微生物通过自身的生命活动——氧化、还原、合成等过程，把一部分被吸收的有机物氧化成简单的无机物，并放出生物生长活动所需的能量，把一部分有机物转化为生物体所必需的营养物质，合成新的细胞物质。于是，微生物逐渐生长繁殖，产生更多的生物体，其过程如图 3-6所示。

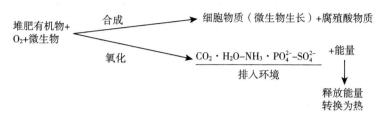

图3-6 高温堆肥的好氧发酵过程

注：引自《新型肥料》（赵秉强等，2013）。

高温堆肥有地面堆肥法和速腐剂堆肥法两种。

地面堆肥法选择距水源较近、运输方便的地方。首先把地面捶实，然后于底部铺上一层干细土，在细土正面铺一层未切碎的玉米秆作为通气床（厚约26cm），然后在床上分层堆积材料，每层厚约20cm，并逐层浇入人粪尿（下少上多），为保证堆内通气，在堆料前按一定距离直插入木棍，使下面与地面接触，堆完后拔去木棍，余下的孔道作为通气孔。堆肥材料可用秸秆、人畜粪尿和细土，其配比为3：2：5，配料时加入2％～5％的钙镁磷肥混合堆沤，可减少磷素固定，使钙肥、镁肥、磷肥肥效明显提高。堆肥材料按比例混合后，调节水分为湿重的50％，一般以手握材料有液滴出为宜。在肥堆四周挖深30cm、宽30cm左右的沟，把土培于四周，防止粪液流失。最后，用泥封堆3～5cm。堆好后2～8d，温度显著上升，堆体逐渐下陷，当堆内温度慢慢下降时，进行翻堆，把边缘腐熟不好的材料与内部的材料混合均匀，重新堆起，如发现材料有白色菌丝体出现，适量加水，然后重新用泥封好，待达到半腐熟时压紧密封待用。

速腐剂堆肥法是利用各种秸秆粪肥及其他废气物，加入一定量的"快速腐熟剂"进行高温堆制。秸秆速腐剂能快速分解秸秆中的粗纤维，缩短腐熟时间。速腐剂的使用可概括为"水透、菌足、盖严"。水透，按秸秆干重的1.8倍加水，力求湿透，这是堆肥成败的关键。菌足，按秸秆重的0.1％加菌剂等。

高温堆肥和普通堆肥的不同之处：一是高温堆肥法在堆制时需设通气塔、通气沟等通气装置，有保证堆内适量的空气，从而有利于好气性微生物的活动。而普通堆肥是在嫌气条件下进行分解。二是高温堆肥法在操作过程中必须接种一定量的高温纤维素分解菌，以便堆肥过程中有高温产生，马粪内含有该菌。因此，高温堆肥中常加入适量的马粪。表3-6为堆肥腐熟程度的鉴别指标。

表 3-6　堆肥腐熟程度的鉴别指标

项目	鉴别指标
颜色气味	堆肥的秸秆变成褐色或黑褐色,有黑色汁液,有氨臭味,铵态氮含量显著增加(用胺试纸测定)
秸秆硬度	用手握堆肥,湿时柔软,有弹性;干燥时很脆,容易破裂,有机质失去弹性
堆肥浸出液	腐熟的堆肥加入清水搅拌后[肥水比例一般为1∶(5～10)],放置3～5min后,堆肥浸出液呈淡黄色
堆肥体积	腐熟的堆肥体积是刚堆积时的 1/3～1/2
碳氮比	(20～30)∶1,其中五碳糖含量在 12% 以下
腐殖化系数	30%

注:引自《蔬菜发展技术指南》(陶正平和潘洪玉,2003)。

3.2.3　堆肥的积制条件

堆肥的分解过程是微生物分解有机质的过程,堆肥腐熟的快慢与微生物的活动密切相关。因此,要加速堆肥腐熟,首先要控制微生物的活动。堆肥积制过程中,影响微生物活动的主要因素有:

3.2.3.1　水分

堆肥内含水量是控制堆肥成败与否的首要条件,一般含水量为原材料的 60%～75%(按湿基计),有利于植株茎秆的软化与菌体的生长、移动,进而使堆肥材料快速、均匀地腐熟。含水量 60%～75% 的简单测试方法为:紧握堆肥材料时有少量水挤出,即表示含水量适宜。积制堆肥时,若秸秆吸水困难,应将秸秆先行斩切、浸泡后再堆积。

3.2.3.2　温度

大部分微生物活动的最适温度为 50～60℃,积制堆肥时,保持 55～65℃ 的温度约 1 周时间,促使高温性纤维分解菌强烈分解有机质后,再维持 40～50℃ 的中温期以促进氨化作用和氧化释放。堆肥中温度调节可以通过添加或减少含有较多高温性纤维性分解菌的马粪、水及覆盖厚土等措施来调节。

3.2.3.3　空气

保持适量的空气,有利于好气微生物的繁殖与活动,促进有机质分解。若通气不良，好气性微生物的活动会受到抑制，堆肥内温度不易升高，堆腐迟缓；若通气过旺，好气性微生物繁殖过快，有机质大量分解，腐殖化系数低，氮素损失大。适宜的通气性可以通过控制材料内的水分、堆积松紧度、设置通气沟和通气筒等方法调节。

3.2.3.4　酸碱度

大多数微生物适合在 pH 6.4～8.1 的中性至微碱性环境下活动，积制堆肥时，由于有机质分解时产生一定数量的有机酸，致使堆肥内酸性增强。为降低酸度，保持微生物适宜的生长环境，堆制时加入相当于原材料的2%～3%的石灰，降低酸度。同时，石灰还能破坏秸秆表面的蜡质，使之易于吸水软化，加速发酵。如有条件，也可以用碱性磷肥代替石灰，效果会更好。

3.2.3.5　碳氮比（C/N）

微生物对有机质正常分解作用的碳氮比为 25∶1。日常应用的堆肥材料碳氮比比较大（表3-7），生活于其中的微生物由于缺少氮素营养，生命活动不旺盛，分解作用较缓慢；当碳氮比较小时，有机原料大量损失。因此，积制堆肥时应加入适量的人畜粪尿、无机氮肥或碳氮比较小的绿肥等原料，调节得到适宜的碳氮比。

表3-7　主要堆肥材料碳氮比

材料	碳氮比（C/N）
野生草料	16～42
麦秆	66～76
高粱秆	46
玉米秆	50
稻草	33～56
紫云英	13.3
豆科绿肥	10～23

注：引自《肥料实用手册》（高祥照等，2002）。

3.2.3.6　填充剂

在堆肥发酵中，常用稻草、木屑、粉煤灰、锯末和菇渣等作为发酵的填充剂。堆肥的填充剂可以起到提供碳源、调节堆体的孔隙度、物料的温度、湿度和改善堆体结构等作用，从而优化堆肥过程中的环境条件，提高微生物活性，加快堆肥的腐熟，减少氮的损失，保持养分含量，提高堆质量。在猪粪和锯末联合堆肥的研究中，认为猪粪和锯末为 7：3 时，堆肥效果最好。用玉米芯、玉米秸秆和稻草作为填充剂对牛粪的好氧堆肥研究发现，采用粒径大、多孔、疏松的玉米芯作为填充剂，有利于通风供氧，堆体升温降温均较快，高温持续时间长，堆料腐熟快。为达到理想的堆肥有机物分解速度，通常用 C/N 较高的秸秆粉、草炭、蘑菇渣等与 C/N 较低的畜禽粪便等进行混合调整。

3.2.4　堆肥的种类

根据积制堆肥的主要原料秸秆的种类，堆肥可分为玉米秸秆堆肥、麦秆堆肥、水稻秆堆肥、野生植物堆肥等。

3.2.4.1　玉米秸秆堆肥

以玉米秸秆为主要原料堆制的肥料。鲜玉米秆堆肥平均养分含量为：粗有机物 25.32%、全氮（N）0.48%、全磷（P）0.10%、全钾（K）0.28%、pH 8 左右，钙、镁、硫、硅平均含量为 0.65%、0.18%、0.12%、7.27%。各种微量元素的平均含量为：铜 11.88mg/kg、锌31.28mg/kg、铁 7 055.26mg/kg、锰 11.49mg/kg、硼 12.34mg/kg、钼0.23mg/kg。按全国有机肥料品质分级标准，玉米秆堆肥属四级。

玉米秆堆肥分高温堆肥和普通堆肥两种。高温堆制时，将玉米秆铡成5cm 碎段，玉米秆与鲜骡马粪、人粪尿、水按 1：0.6：0.2：（1.5～2）比例，堆高 1.5～2m 混合堆制，堆宽 2～4m，堆长视情况而定，堆好后用稀泥糊封，几天后堆内温度可达 70℃ 左右，半月左右翻一次堆，一般翻 2 次堆后即可腐熟。高温堆肥有机肥料品质好，病菌、虫卵易被全部杀死。普通堆制时，也将玉米秆铡成 5cm 碎段，玉米秆与厩肥、人粪尿、细土按 3：1：1：5 比例堆制，堆高 2m，堆宽 3～4m，堆好后用稀泥糊封，几天后堆内温度可达 50℃ 左右，堆后 30d 左右翻堆一次，腐熟后即可施用。堆制过程中应注意及时调节堆内水分、温度、pH 等。

玉米秸秆堆肥一般做基肥，每公顷用量 2.25 万～3 万 kg。长期施用能培肥地力、提高产量。

3.2.4.2　麦秆堆肥

以麦秆为主要原料堆制的肥料，叫麦秆堆肥。鲜麦秆堆肥平均养分含量为：粗有机物 10.85％、全氮（N）0.18％、全磷（P）0.04％、全钾（K）0.16％，钙、镁、硫、硅平均含量为 0.37％、0.06％、0.02％、4.3％。各种微量元素的平均含量为：铜 3.37mg/kg、锌 13.66mg/kg、铁 1 730.64mg/kg、锰 25.45mg/kg、硼 2.40mg/kg、钼 0.06mg/kg。按全国有机肥料品质分级标准，麦秆堆肥属四级。

麦秆堆肥的积制与施用同玉米秸秆堆肥。

3.2.4.3　水稻秆堆肥

水稻秆多用于加工农副产品，用其制作堆肥的较少。鲜水稻堆肥平均养分含量为：粗有机物 16.38％、全氮（N）0.46％、全磷（P）0.08％、全钾（K）0.43％，钙、镁、硫、硅平均含量为 0.50％、0.10％、0.06％、8.62％。各种微量元素的平均含量为：铜 3.42mg/kg、锌 24.39mg/kg、铁 2 634.42mg/kg、锰 440.13mg/kg、硼 12.44mg/kg、钼 0.30mg/kg。按全国有机肥料品质分级标准，水稻秆堆肥属三级。

水稻秆堆肥的积制与施用同玉米秸秆堆肥。

3.2.4.4　野生植物堆肥

以野草、枯枝和落叶为主要原料堆制的肥料。由于野生植物堆肥堆制原料养分差异较大，堆制的养分含量差别较大。野生植物堆肥平均养分含量为：粗有机物 16.55％、全氮（N）0.63％、全磷（P）0.14％、全钾（K）0.45％，钙、镁、硫、硅平均含量为 2.51％、0.26％、0.14％、13.01％。各种微量元素的平均含量为：铜 26.51mg/kg、锌 58.30mg/kg、铁 16 667.86mg/kg、锰 655.22mg/kg、硼 13.22mg/kg、钼 0.34mg/kg。按全国有机肥料品质分级标准，山草堆肥属四级，以麻栎叶、松毛为主堆制的肥料属三级。

野生植物堆肥一般采用普通堆肥法，堆制和施用同玉米秸秆堆肥。

3.2.5　堆肥与绿色食品

利用绿色食品基地秸秆和畜粪进行高温堆肥效果显著：

①高温堆肥高温期持续时间较长，对粪大肠菌和大肠菌杀灭作用明显，可达 10％，而沤肥则无这种作用。

②腐熟堆肥氮素组成以有机态氮为主，利用鸡粪进行堆肥氮素同化固定作用明显，有利于蓄氮保肥作用，利用牛粪进行堆肥这种作用则不明显。

③高温堆肥有利于腐殖酸的形成，碳素腐殖化作用明显，堆肥的胡敏酸与富里酸比值大于2，而沤肥这一比值小于1。

在绿色食品生产过程中，由于要求以土壤自身的肥力为前提，利用农家肥料或有机肥料代替化肥（主要是氮素化肥），尤其 AA 级绿色食品更是如此。以达充分利用作物—土壤—环境之间的最佳物质循环和生态平衡，减少化学物质投入和回归自然的目的。高温堆肥方法对农牧业废弃物进行无害化、资源化处理是绿色食品基地大规模生产有机肥料的重要途径。而采用什么类型的堆肥材料、材料的颗粒大小（或粉碎程度）以及堆制方式与堆肥时间、堆肥效果有直接关系。李国学（1999）在绿色食品基地南口农场利用农牧业废弃物（牛粪和麦秸）作为原料，对不同通气方式、秸秆切碎程度对堆肥腐殖质含量及组成、氮素含量、重金属含量、化学组成和氧利用特点以及堆制周期的影响的研究发现，切碎秸秆鼓风通气和通气沟通气堆肥高温期时间最短，为14～15d，堆腐时间为25～30d；切碎秸秆和不切碎秸秆不通气堆肥高温期时间持续 25～28d，堆腐时间需35～40d。切碎秸秆鼓风通气和通气沟通气堆制有利于堆肥物料的分解和转化。各堆肥处理腐殖酸含量均呈下降趋势，而腐殖化指数（HI）、腐殖化率（HR）随着堆肥的进行呈增加趋势，其中以切碎秸秆的鼓风通气和通气沟通气堆制最明显。随着堆肥的进行，富里酸（FA）含量呈下降趋势，而胡敏酸含量（HA）呈增加趋势，HA－C/FA－C 比值以切碎秸秆鼓风通气和通气沟通气堆制增加最明显。堆肥过程中，胡敏酸的 E4/E6 比值则呈降低趋势，腐熟时胡敏酸 E4/E6 比值在 12 左右，其芳构化和缩合度很低。

3.3 气（体）肥技术

二氧化碳对植物的光合作用和生长发育有至关重要的作用。在大棚或温室绿色食品生产中，可采用化学方法、生物方法（如秸秆生物反应堆技术）生产二氧化碳或施用二氧化碳肥料来矫正碳素缺乏。本节主要介绍气（体）肥的概念、增产机理、来源和分类、生理效应及施用技术。

3.3.1 气（体）肥技术概述

3.3.1.1 气（体）肥的概念

二氧化碳（CO_2）是空气的组成成分，是光合作用的原料。大棚蔬菜

CO_2 的适宜浓度一般不少于 $800 \sim 1\,000mg/L$。但在阳光充足、作物旺长的封闭温室里 CO_2 常常缺乏,当浓度低于 $80 \sim 100mg/L$ 时,将严重制约蔬菜的正常生长。在这种情况下,除了适当通风换气、合理密植、增施有机肥料和科学施用氮肥外,往往需要将 CO_2 作为肥料施用,这就是 CO_2 肥料,也称气(体)肥。

在大棚或温室绿色食品生产中,可采用化学方法、生物方法(如秸秆生物反应堆技术)生产 CO_2 或施用 CO_2 肥料来矫正碳素缺乏。

3.3.1.2　气(体)肥的增产机理

植物在光合作用的过程中,需要吸收空气中的 CO_2。因此,植物周围空间中的 CO_2 浓度对植物的光合强度影响强烈。一般而言,保护地内是独立的 CO_2 环境,但在通风时可与外界环境进行交换。白天随光合作用的进行,CO_2 浓度逐渐下降,下降速度随光照条件及蔬菜种类而变化。阳光充足、作物健壮,光合作用旺盛,CO_2 浓度下降快,有时在可见光后的 $1 \sim 2h$ 内就可降到 CO_2 的补偿点以下。这时若不及时补充 CO_2,光合作用就会减弱,影响蔬菜的正常发育。因此,在保护地蔬菜栽培中,补充 CO_2 是一项重要的增产措施。

3.3.1.3　气(体)肥的来源与分类

产生 CO_2 的方法很多,各有特点,可根据绿色食品生产的实际条件选用。

(1)施用纯 CO_2

有固体干冰和液化 CO_2。固体干冰是将一定重量的固体干冰放入棚室内,让其吸热挥发出气体 CO_2。使用时人不能直接与干冰接触,以防受到低温伤害。固体干冰运输、保存困难,成本较高。液体 CO_2 是把 CO_2 压缩后装入钢瓶内待用。使用时将装有 CO_2 的钢瓶置于保护地内,通过减压阀把 CO_2 用塑料软管输送到作物能充分利用的部位。软管上每隔 $3mm$ 打一个孔,离钢瓶由近至远孔径逐渐加大,使 CO_2 通过棚膜反射到地面即可。瓶口压力在 $1 \sim 1.2kg/cm^2$ 时,每天释放 $6 \sim 12min$ 即可。

(2)化学反应法

利用碳酸盐类与强酸中和产生 CO_2。该法费工,CO_2 浓度不易控制,但方法简便、安全、成本低、易被农民接受,适合大面积推广。目前,常用的是用碳酸氢铵加硫酸起化学反应产生 CO_2,反应的另一产物硫酸铵可做追肥。

（3）燃烧法

通过燃烧天然气、内烷、焦炭等碳氢燃料，释放 CO_2。这一方法在西欧、北美和日本等应用较多，而且研制了专门的 CO_2 发生器，使用方便，又能提高保护地内温度。但在燃烧过程中，会产生 CO、SO_2 等有害气体，需严格控制，且成本较高。

（4）施有机肥料法

施用有机肥料在我国目前的生产条件下，低成本、简便易行，是补充 CO_2 气体的较好方法。自然条件的影响下，1 000kg 有机物经微生物分解可释放出 1 500kg CO_2。另一个方法是进行食用菌与蔬菜等间套作，食用菌与蔬菜之间可形成一个良好的生态关系。食用菌在出菇的过程中放出大量的 CO_2 气体，供蔬菜生长需要。蔬菜生长过程中白天通过光合作用放出大量的氧气，这又是食用菌所必需的。同时，蔬菜还为食用菌遮阳，因为食用菌不需要强光，在一定的散射光的条件下生长良好。还有一个方法是在温室内设置沼气池，通过燃烧沼气放出 CO_2 气体，同时通过燃烧沼气加热温室。

（5）通风

通过放风，使新鲜空气进入保护地，以补充 CO_2 的不足。但在冬、春季，为了使保护地内维持一定的温度，常常推迟放风时间或放风量很小，因而不能及时补足 CO_2。

3.3.2　气（体）肥的生理效应

3.3.2.1　CO_2 影响光合作用

植物分为 C3 与 C4 植物，它们对 CO_2 浓度的反应不同。C3 作物对 CO_2 浓度变化的反应比较灵敏，而 C4 作物则反应比较迟钝。大多数温室作物为 C3 作物。在 CO_2 的饱和点与补偿点范围内，作物的光合速率随 CO_2 浓度的提高而增强。尤其是在强光照条件下，提高 CO_2 浓度对提高光合速率更有利。

增施 CO_2 提高光合速率的原因有两方面：一是 CO_2 作为光合作用的底物参与碳同化循环。二是提高了 CO_2/O_2 值，Rubisco 氨化活性提高。但长期增施 CO_2 对光合强度的作用反而减弱，其原因可能是长期高 CO_2 浓度环境使光合酶系统活力下降，气孔导度下降，暗呼吸增强，糖、淀粉的反馈抑制。

3.3.2.2 CO_2 影响光呼吸

CO_2 浓度可以通过改变 Rubisco 的活性，调节植物的光呼吸，从而影响植物有机物的代谢。核酮糖-1，5-二磷酸羧化酶/加氧酶（Ribulose-1，5-bisphosphate carboxylase/oxygenase，Rubisco）是光呼吸中一个具有双重催化功能的酶，既可以催化 RuBP 的羧化反应，向 C3 途径、合成糖的方向进行，又可催化 RuBP 的加氧反应，向光呼吸消耗有机物的方向进行。催化羧化反应时称为 RuBP 羧化酶，催化加氧反应时可称为 RuBP 加氧酶，这两个功能是相反的，羧化酶与 RuBP 加氧酶活性比值的大小取决于环境中 CO_2 和 O_2 浓度的比值。当 CO_2 浓度相对高时，有利于羧化反应，则加氧反应弱，形成的乙醇酸少，光呼吸弱；当 O_2 浓度相对高时，有利于加氧反应，形成的乙醇酸多，光呼吸强。CO_2 施肥使比率增加，改变了作用方向，抑制了加氧酶的活性，使得产生的乙醇酸少，光呼吸弱，减少了植物体内有机物的消耗，从而促进了植株体内有机物的积累。

3.3.2.3 CO_2 影响蒸腾作用

CO_2 对叶片气孔运动影响显著，低浓度 CO_2 促进气孔张开，高浓度 CO_2 则使气孔关闭。当增施 CO_2 时，气孔开度减小，叶片界层阻抗加大，导度减小，蒸腾减弱，从而也提高了光合作用的水分利用率；同时，作物生育加快，叶面积加大，又使蒸腾增加，但总的结果是前一方面作用更大。

植物光合作用与蒸腾作用分别是 CO_2 和水分子通过叶片的内外交换过程，其主要通道是气孔，气孔运动控制着等气体交换参数的变化。通过影响气孔运动调节蒸腾作用。当 CO_2 浓度升高时，叶片会通过减小气孔导度来降低蒸腾作用，从而提高作物水分利用效率。在光下保卫细胞开始进行光合作用，于是其中的 CO_2 浓度降低，使保卫细胞中由 5 左右升到 7 左右，在这种情况下，细胞中淀粉磷酸化酶催化淀粉的磷酸化反应，最终形成葡萄糖合磷酸而使保卫细胞渗透势增高，水分进入保卫细胞，气孔张开；CO_2 浓度升高，抑制上述过程的发生，气孔关闭。这样，气孔导度降低，水分蒸腾变弱，植物失水减少，水分利用效率提高；另外，由于气孔在高浓度 CO_2 浓度下变窄或关闭，细胞内的水分向外扩散的阻力比由气孔外向里运动的阻力大，这样植物可在细胞间隙内保持一定的水分和进行光合作用，从而为光合作用提供物质基础。CO_2 施肥可以提高植物体内抗氧化酶活性和抗氧化物质的含量，有助于减轻叶片膜脂质过氧化损伤。

3.3.2.4　CO_2 影响作物营养生长与生殖生长

CO_2 是光合作用的原料，浓度升高可以提高光合作用的效率，为细胞的生长提供碳源。同时，一定程度上促进了根、茎、叶的生长发育，而且还可以诱导细胞的生长，从而促进了植物的营养生长。CO_2 施肥可以促进花芽分化，加快植物的生殖生长。植物花芽分化需要一定的营养物质，当 C/N 较大时，才能促进花芽分化，CO_2 施肥使 C/N 升高，有利于花的形成和发育。同时，CO_2 施肥使叶片中蔗糖浓度提高，促进同化物由源向库的运输，从而提高坐果率。

CO_2 施肥使叶片中细胞内的 CO_2 浓度增加，而细胞内的 CO_2 溶于水可降低溶液的 pH，使得细胞壁中氢离子浓度提高，激活软化细胞壁的酶类，解除细胞壁中多聚物的联结，进而使细胞壁松弛，膨压下降，促进细胞的吸水膨大，叶面积增大。光合作用因叶面积增大而增强，使植物叶片内淀粉、多糖含量增加，这些碳水化合物可能随着植物体内物质运输而转移至根、茎和叶等部位，从而促进植物的生长。

3.3.2.5　CO_2 影响叶片叶绿素、全氮、蔗糖、淀粉含量

增施 CO_2 有利于碳代谢，促进碳水化合物的合成，加快生长，从而相应增加了氮素需要量，降低了植株体内全氮含量，使蔗糖、淀粉含量增加。同时，增施 CO_2 也可降低叶绿素含量。

3.3.3　气（体）肥的施用及注意事项

3.3.3.1　气（体）肥的施用

人工施用 CO_2 肥料的适宜浓度与作物的生长特性、温度和水肥管理水平等有关，一般以 1 000mg/L 为标准。但不同的作物差别很大，如黄瓜在 8 000mg/L 时仍有效果。

一般蔬菜等作物苗期受 CO_2 的影响最大，若此时 CO_2 供应不足，容易引起作物苗弱叶黄等现象；其次是开花结果期。因此，这两个时期是施用 CO_2 肥的最佳时期。弱光下 CO_2 饱和点低，施用浓度应相应降低。阴天、雨雪天气及气温低于 15℃ 时，作物的光合作用不强，一般不施 CO_2。午后光合作用较弱，也可以不施。CO_2 肥料的施用一般是在晴天上午日

出后 30min。当气温高于 15℃时，密闭棚膜，开始施放。当密闭棚膜 2～3h 时，可以放顶风或腰风进行通风。

CO_2 施肥效果受多种因素的制约，在施用中应根据气候条件及作物长势与需求，配合其他管理技术，进行综合调控。科学合理施用 CO_2，可明显提高作物产量、改善品质、增强植株的抗病虫害的能力。叶菜类一般增产 20％以上，瓜类、茄果类增产 10％～30％，同时可使作物提前成熟上市，番茄一般可提前 7～10d。

CO_2 施肥要与水肥管理相结合。一般提倡连续施用，不可突然停止，否则易引起植株老化。CO_2 浓度不可过高，高浓度的 CO_2 会影响作物正常代谢，而且会危及作业人员的安全，5％CO_2 浓度对人体有毒。注意防止有害气体的产生，一旦发生危害，应立即停止使用并通风换气。

3.3.3.2 施用气（体）肥的注意事项

CO_2 肥具有特殊性质，施用时也有特殊的要求。施用时应注意以下四点：

一是施用时应选择光照充足的天气，及时去掉设施上的覆盖物等。施 CO_2 肥 40min 后应注意设施通风，恢复正常的 CO_2 浓度。

二是 CO_2 浓度不能过高。浓度高于饱和浓度时，不仅成本增加，而且易造成 CO_2 气体中毒。中毒的症状是：植株气孔开启困难，水蒸腾作用减缓，叶内的热量不易散发出来，而使体内温度过高导致叶片萎蔫、黄化脱落。对 CO_2 敏感的蔬菜叶片和果实还会发生畸形。CO_2 浓度过高时，还会使叶绿素遭到破坏，反而抑制光合作用。具体施用浓度根据蔬菜种类、生育时期、光照及温度等条件而定。如叶菜类蔬菜以 600～1 000 mg/kg 为宜，果菜类蔬菜以 1 000～1 500mg/kg 为宜。果菜旺盛生长期即结果期以前浓度以 1 000mg/kg 左右为宜；旺盛生长期以 1 200～1 500 mg/kg 为宜。冬季低温弱光期或阴天浓度要低些，以 800mg/kg、1 000mg/kg 为宜，春秋光照强时以 1 000～1 500mg/kg 为宜。

三是做好水肥调控。由于 CO_2 肥的施入，植株光合作用增强，生长加快，产量提高，对水肥的需要量也增加。因此，加强肥水管理很重要。

四是注意有害气体的危害。采用燃烧法或化学反应法产生 CO_2 的同时，也产生一部分有害气体，要防止其对蔬菜和人体的伤害。

3.4　其他相关平衡施肥技术

　　绿色食品的生产中采用其他相关平衡施肥技术，如养分资源综合管理技术、水肥一体化技术等，可更加充分利用各种养分资源，避免不合理施肥带来的环境问题。本节主要介绍养分资源综合管理技术、水肥一休化技术等。

3.4.1　养分资源综合管理技术

3.4.1.1　养分资源综合管理技术的概念

　　养分是植物、动物和微生物生长发育所必需的营养物质。植物养分是植物为了完成其生命周期，必须从环境中获取碳、氢、氧、氮、磷、钾、硫、钙、镁、铁、锰、铜、锌、硼、钼、氯、镍等元素（图 3 - 7），在植物营养学上将这些元素称作植物的必需元素，简称植物养分。养分是人类食物的物质基础，也是一种资源。

图 3 - 7　植物生长必需元素及其来源

注：引自《养分资源综合管理理论与技术概论》（张福锁等，2006）。

　　一般而言，人们把一定条件下的植物和动物生产过程看作一个系统，将土壤、肥料和环境所提供的养分都作为氧分资源（张福锁等，1995）。土壤是作物的养分资源库，作物需要的各种矿质养分都能或多或少地从土壤中得到；以各种方式进入土壤的养分，也会成为土壤养分的一部分。肥料是人工给作物补充养分的物质，包括来源于生物体的农家肥料和用天然的矿物、盐类或空气中的物质制成的化肥。环境中一些能通过尘埃、降水、灌溉水、生物固氮等形式进入土壤的养分都是养分资源，在某些特定情况下，这部分养分的数量还是比较大的，以至于不容忽视。植物产品又是动物、微生物和人类的养分来源。

20 世纪 90 年代，联合国粮农组织（FAO）等提出了植物养分综合管理（Intergrated Plant Nutrient Management，IPNM）的概念，后来美国将养分管理作为土壤资源管理项目的一部分。我国朱兆良等在其论著中也提到养分管理问题。1995 年，张福锁和王兴仁等明确提出养分资源的概念，对养分资源管理的理论和技术进行了较系统的阐述，并用于推荐施肥系统、作物营养的库源关系调控和养分宏观管理等方面的研究。

养分资源综合管理的观念日趋普及与应用，应做的工作很多。例如，在农田养分资源综合管理的 4 个关键技术中，远没有做到对农田养分收支平衡的环境影响进行量化评估，还没有沿着食物链的线索对农业生态系统养分资源的综合优化管理进行多学科的合作研究。但是，建设现代高效生态农业是我国农业可持续发展的必由之路。因此，养分资源综合管理的理论和技术将在其中发挥越来越大的作用，并使自身得到不断发展。

养分资源综合管理分为农田和区域两个尺度。

农田养分资源管理就是从农田生态系统的观点出发，利用所有自然和人工的植物养分资源，通过有机肥料和化肥的投入、土壤培肥与土壤保护、生物固氮、植物品种改良和农艺措施改进等有关技术和措施综合应用，协调农业生态系统中养分的投入产出平衡、调节养分循环与利用强度，实现养分资源高效利用，使生产、生态、环境和经济效益协调发展。具体而言，农田养分资源综合管理就是以满足高产和优质农作物生产的养分需求为目标，在定量化土壤和环境有效养分供应的基础上，以施肥为主要的调控手段，通过施肥数量、时期、方法和肥料形态等技术的应用，实现作物养分需求与来自土壤、环境和肥料的养分供应在空间上的一致和在时间的同步。同时，通过综合的生产管理措施，如施肥、保护性耕作、高产栽培品种改良生物固氮等，提高养分资源利用效率，实现作物高产与环境保护协调。

不同的养分资源的特征显著不同。因此，在农田养分资源综合管理中，不同的养分资源的管理应采取不同的管理策略。氮素养分资源具有来源的多源性、转化的复杂性、去向的多向性、作物产量和品质效应敏感及其环境危害性等特征，因此，氮素资源的管理应是养分资源综合管理的核心，应以精确的、合理的、实时的土壤和作物氮素监测为主，强调氮素的分期动态调控。相比而言，磷、钾养分在土壤中易保持，一定范围的过量不会造成产量和品质效应的明显下降，具有较长时期的后效等特征，应在养分平衡的前提下依据土壤有效养分的监测和作物施肥的反应采用恒量监控的方式进行管理。中微量元素肥料的管理主要采用"因缺补施"的方式。从养分管理研究进展来看，在农田尺度上，以高产和环境保护的协调为目标，建立了作物根层养分调控的新思路，根据养分资源特征，建立了对氮进行实时监控、对磷钾进行恒量监控、对中微量元素进行矫正施肥技术。此技术已应用于小麦、玉米、水稻、棉花、蔬菜和果树等多种作物上，在我国，特别是华北平原的农业生产中取得了良好的社会效益、经济效益和环境效益。

区域养分资源综合管理是一种宏观管理行为，是针对各区域养分资源特征，以总体效益（生产、生态、环境与经济效益）最大为原则，制定并实施目标区域总体的养分资源高效利用管理策略。具体而言，区域养分资源综合管理是从一个特定区域的食物生产和消费系统出发，把养分看作资源，以养分资源的流动规律为基础，通过多种措施，如政策、经济、技术等的综合，优化食物链及其与环境系统的养分传递，调控养分输入和输出，协调养分与社会、经济、农业、资源和环境的关系，实现生产力逐步提高和环境友好的目标。

田块尺度的养分资源优化管理措施是在特定的土壤条件、作物品种、气候条件和田间管理方式下制定的。然而，在区域尺度上，由于土壤、作物等因素空间变异的存在，使得田块尺度的养分管理技术不能直接应用到区域尺度。与西方发达国家相比，我国以农户为单元的分散经营使得我国土壤和作物的空间变异更高，使区域养分资源管理更加复杂。

3.4.1.2　养分资源综合管理理论

（1）农田养分资源综合管理理论

农田养分资源综合管理站在农田生态系统角度，强调多种养分资源综合管理和多种技术的综合应用。农田养分资源综合管理的主要理论基础是：

①根据不同养分资源的特征确定不同的管理策略。由于氮素资源具有来源的多源性、转化的复杂性、去向的多向性及其环境危害性、作物产量和品质对其反应的敏感性等特征，因此，氮素资源的管理应是养分资源综合管理的核心，氮的管理必须进行实时、实地精确监控。相对而言，磷钾可以进行实地恒量监控，中微量元素的管理做到"因缺补施"（图3-8）。

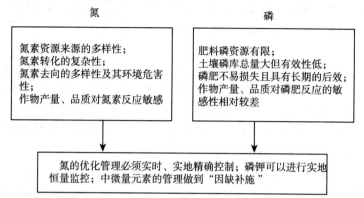

图 3-8　不同养分资源的特征及其管理策略

注：引自《养分资源综合管理理论与技术概论》(张福锁等，2006)。

②根据不同作物养分需求规律确定不同的管理策略。在氮素资源的综合管理中，既要满足作物的氮素需求又要避免造成氮素的损失。因此，充分考虑不同作物生长发育规律、品质形成规律和氮素需求的不同，通过综合管理，实现作物氮素需求与氮素供应的同步。

以马铃薯为例，郭淑敏等(1993)研究得出各器官中氮、磷、钾含量均随生育期推移而呈下降趋势。Dyson(1965)曾指出，矿质养分氮、磷、钾，尤其是磷在植物体内容易流动，可转迁到块茎中而导致叶片中这些离子浓度的下降。马铃薯对氮、磷、钾的吸收量随着植株生长而变化，幼苗吸收速率较慢，块茎形成期、块茎增长期速率猛增，进入成熟期又缓慢下来。苗期和块茎形成期氮主要作用于叶；磷对茎、叶的供应各期较平稳，而在块茎形成后不久便极大部分向块茎转移。从各器官比较，茎、叶中三要素浓度下降明显，而块茎中变幅较小。不同生育时期全株三要素的浓度分别是：苗期为氮 37.8g/kg，磷 5.2g/kg，钾 45.1g/kg；块茎形成期为氮 25.5g/kg，磷 4.0g/kg，钾 32.6g/kg；块茎增长期为氮 17.3g/kg，磷 2.9g/kg，钾 27.2g/kg；淀粉积累期为氮 12.8g/kg，磷 2.4g/kg，钾 18.9g/kg(门福义和刘梦芸，1995)。因此，在马铃薯的种植过程中，应针对马铃薯不同生育期养分需求制定养分管理策略。

③强调与高产优质栽培技术的结合。高产优质不仅是国家需求和农民的需要，而且也是提高养分资源利用效率的科学需求。大量研究工作证明，通过综合措施提高产量可以提高养分资源的综合利用效率。

(2) 区域养分资源综合管理理论

养分在各个单元的分配和单元间的流量决定了整个系统的可持续性，

而区域养分管理的对象就是各种养分的流动和存量，能够改变各个单元内的和单元间养分分配和流动去向的措施都可以作为区域养分资源综合管理技术。

①养分适量流存原理。养分是生命元素，又是重要的环境污染因子，具有"利"、"害"两方面的双重作用；而养分在农田、畜牧、家庭和环境单元中的存量和流量决定了其"利"、"害"作用的倾向。为此，保持养分在各个单元的分配和单元间的适宜流量和存量是实现整个系统可持续性的基础，也是区域养分资源综合管理的基本原理之一。

②养分塔型传递原理。养分在纵向流动中，其流量沿着从农田—畜牧—家庭的流向逐级减少，呈塔型分布；养分在各个单元中的利用效率决定了向其环境排放的数量。因此，调节各塔层间的关系可以改变养分利用效率，调节养分的塔型传递模式就成为区域养分资源综合管理的基本原理之一。

③养分物质管理原理。养分借助化肥、有机肥料、食物、粪尿等物质进行横向、纵向和循环流动，而这些物质的性质直接影响养分流动的状况和效应，也决定着养分"利"、"害"作用的倾向。因此，区域养分资源的管理就是这些物质的管理，人们通过管理这些物质自觉或不自觉地管理着养分。可见，养分物质的优化管理就是区域养分资源综合管理的基本原理之一。

④养分循环利用原理。在动植物生产和家庭消费过程中，会产生许多没有被利用的废物，其中含有大量养分，它们可以自动或人为地回到农田被重新循环利用，这是养分循环流动的重要特征。如何利用养分这一特征，加强废弃养分资源的循环利用也是区域养分资源综合管理的基本原理之一。

⑤养分时空变异原理。养分资源具有时空变异的特征，在不同空间和时间尺度表现不同的特征。因此，区域养分资源综合管理就要充分考虑养分资源的这种特征，制定相应的管理策略。

(3) 养分资源综合管理的理论和原则

①养分资源管理的基本理论。植物生产中的养分都具有资源属性，因此把植物—动物生产系统中，土壤、肥料和环境中各种来源的养分统称为养分资源，养分资源管理的基本理论含义：

一是视植物—动物生产过程为一个系统，将土壤、肥料和环境所提供的养分均作为养分资源。

二是将系统中养分的投入与产出的平衡、提高养分循环与利用的强度作为养分资源综合管理的核心，根据不同营养元素的土壤、肥料效应的时空变异特点，采用实时监测方法进行不同的施肥调控。

三是施肥是农田养分调控的主要手段，但调控目标不仅是作物的优质高产，还有优化农业生态系统中物质和能量的循环，协调优质高产、土壤肥力和良性生态环境之间的辩证关系，保证农业的可持续发展。

四是农田养分管理是养分资源综合管理的一个环节。将改进施肥技术与挖掘植物高效利用养分的生物学途径相结合、将科学施肥与优化耕作栽培管理相结合是农田养分管理的 3 个主要方面。

②养分资源综合管理的技术原则。养分资源综合管理涉及生态系统食物链的各个环节，它包括 4 个方面：一是农田养分和肥料效应时空变异的监测和施肥调控。二是提高养分利用效率的生物学途径。三是施肥技术与其他农学措施的结合。四是养分收支平衡的环境量化评估。其中，以农田养分变异的实时监测和施肥调控最为重要。

养分资源综合管理技术针对我国多年推荐施肥的经验和目前农业生产中的实际问题，在引进国际先进农业技术的基础上，以肥料效应函数的选优控制氮肥总量，以土壤无机氮快速测试进行氮肥基肥用量推荐，以植株氮营养诊断进行氮肥追肥推荐，以养分平衡和土壤肥力监测确定和调整磷钾及中微量元素肥料用量，建立了养分综合管理技术体系。

在四川成都平原的初步研究显示，采用养分资源综合管理技术可以显著降低稻—麦轮作体系氮肥投入（从传统管理的 $336kg/hm^2$ 降至 $230kg/hm^2$）、提高稻麦系统的生产力（从传统管理的 $12.3t/hm^2$ 增至 $14.5t/hm^2$）和提高氮肥利用率（提高 $10\%\sim20\%$）。华北平原冬小麦夏玉米轮作周期农民习惯的氮肥用量在 $500\sim700kg/hm^2$，与农民习惯施肥相比，养分资源综合管理增加小麦单产 $5\%\sim8\%$，玉米单产 $6\%\sim10\%$，同时小麦季节省氮 $30\%\sim70\%$，玉米季节省氮 $20\%\sim50\%$。

（4）养分资源管理的优点及发展前景

养分资源管理具有 3 个主要优点：

一是站在生态农业的高度，以农业可持续发展为目标，使施肥技术与施肥理论之间、施肥技术与其他农业措施之间、农田施肥与养分资源宏观管理之间、肥料综合效益目标之间的关系得到了有机协调。因而，拓宽了平衡施肥的概念和施肥决策的领域。

二是以土壤养分和肥料效应的时空变异规律为主要依据，分别进行养分实时监测和施肥调控。这与平衡施肥的原则相一致，但其着眼点不仅是当季作物的氮磷钾肥料配合比例，而是将土壤养分的持续供应和作物持续高产作为评价施肥技术的主要指标，因而是动态平衡施肥。

三是分析土壤养分供应水平时，除施肥外，还考虑到环境补给及土壤养分的生物活化。这对农田养分管理不仅有直接意义，而且具有决策性的战略意义。如新近研究表明，在持续 10 年的水旱轮作中，环境输入的氮每年高达 $126kg/hm^2$，这说明目前我国农业生产的节肥高产潜力很大。

3.4.1.3　养分资源综合管理与农业可持续发展

农业是国民经济的基础，农业可持续发展是整个社会可持续发展的根本保证。如果说可持续发展是中国社会和人类发展进程面临的必然选择，那么，可持续农业也是中国农业发展的必由之路。

在农业生态系统中，能量和物质循环始终贯穿于生产者（通常指自养型生物，主要是绿色植物）、消费者（营养型生物，包括草食动物、肉食动物、杂食动物和腐生动物等）和分解者（主要指各种微生物）之间。因此，要保持农业生产和生态环境的可持续性，就必须保持农业生态系统能量和物质的输入和输出动态平衡。养分既是农业生态系统输入和输出物质的重要组成部分，也是保证农业生态系统周而复始运转的重要物质基础。如果生态系统中养分的"输入"少于或多于"输出"，势必导致整个生态系统的失衡。所以，保持农业生态系统的养分平衡是农业可持续发展的必要条件。

养分资源综合管理重点关注农业生态系统中有关养分资源的来源、转化和利用过程及其归宿。农业可持续发展理念指导下的养分资源综合管理，就要在充分挖掘土壤和环境养分资源潜力的基础上，高效利用人为补充的有机和无机养分，重视养分作用的双重性，兴利除弊，把养分投入量限制在生态环境可承受的范围内，避免盲目过量的养分投入。据此建立的养分资源综合管理理论和技术体系，可使作物高产、优质，资源高效和环境保护等多重目标有机结合，为可持续农业提供理论和技术支撑。

综上所述，养分资源综合管理可从挖掘作物遗传潜力、提高农田生态系统稳定性和可持续性，减少面源污染等方面保证农业的可持续发展。其实施不仅有利于保障国家粮食安全，而且有利于提高资源利用效率、减少环境污染，是一套可实现农业生产与生态环境双赢的技术体系。

3.4.2　水肥一体化技术

3.4.2.1　水肥一体化的含义

在水肥的供给过程中，最有效的供应方式就是如何实现水肥的同步供给，充分发挥两者的相互作用，在给作物提供水分的同时最大限度地发挥肥料的作用，实现水肥的同步供应，即水肥一体化技术。狭义讲，就是把肥料溶解在灌溉水中，由灌溉管道带到田间每一株作物，以满足作物生长发育的需要。如通过喷灌及滴灌管道施肥。广义讲，就是水肥同时供应以满足作物生长发育需要，根系在吸收水分的同时吸收养分。除通过灌溉管道施肥外，如淋水肥、冲施肥等都属于水肥一体化的简单形式。

水肥一体化技术是现代种植业生产的一项综合水肥管理措施，具有显著的节水、节肥、省工、优质、高效和环保等优点。水肥一体化技术在国外有一特定词描述，叫"FERTIGATION"，即"FERTILIZATION（施肥）"和"IRRIGATION（灌溉）"组合而成，意为灌溉和施肥结合的一种技术。国内根据英文字意翻译成"水肥一体化"、"灌溉施肥"、"加肥灌溉"、"水肥耦合"、"随水施肥"、"管道施肥"、"肥水灌溉"和"肥水同灌"等多种叫法。针对于具体的灌溉形式，又可称为"滴灌施肥"、"喷灌施肥"和"微喷灌施肥"等。

采用水肥一体化技术方便调节灌溉水中营养物质的数量和浓度，使其与植物的需要和气候条件相适应，提高肥料利用率，提高养分的有效性，促进植物根系对养分的吸收，提高作物产量和质量，减少养分向根系分布区以下土层的淋失，还可以节省时间、运输、劳动力及燃料等费用，实施精准施肥。但水肥一体化投资较高，需要肥料注入器、肥料罐以及防止灌溉水回流等装置，还要用防锈材料保护设备易腐蚀的部分，防止在湿润土壤边缘有盐分积聚、根系数量和体积减小的现象。

灌溉施肥系统通常由水源工程、施肥技术、首部枢纽工程、输配水管网和滴水器等部分组成，如图3-9所示。

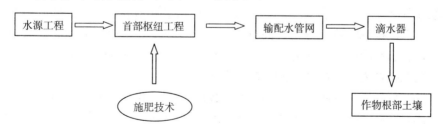

图3-9 灌溉施肥系统的组成

注：引自《作物施肥原理与技术》（谭金芳，2011）。

水肥一体化技术按控制方式的不同可分为按比例供肥和定量供肥两大类。按比例供肥的特点是以恒定的养分比例向灌溉水中供肥，供肥速率与灌溉速率成比例，施肥量一般用灌溉水的养分浓度表示，如文丘里注入法

和供肥泵注入法。定量供肥又称总量控制，其特点是整个施肥过程中养分浓度是变化的，施肥量一般用 kg/hm² 表示，如旁通罐施肥。按比例供肥系统价格昂贵，但可以实现精确施肥，主要用于轻质和沙质等保肥能力差的土壤；定量供肥系统投入较小，操作简单，但不能实现精确施肥，适用于保肥能力较强的土壤。

3.4.2.2　水肥一体化的优缺点

（1）水肥一体化技术的优点

①节省施肥劳力。在果树的生产中，水肥管理耗费大量的人工。如在华南地区的香蕉生产中有些产地的年施肥次数达 18 次之多。每次施肥要挖穴或开浅沟，施肥后要灌水，需要耗费大量劳动力。水肥一体化可实现水肥的同步管理，节省大量用于灌溉和施肥的劳动力。南方地区很多果园、茶园及经济作物位于丘陵山地，施肥灌溉非常困难，采用滴灌施肥可以大幅度减轻劳动强度。

②提高肥料的利用率。在水肥一体化技术条件下，溶解后的肥料被直接输送到作物根系最集中部位，充分保证了根系对养分的快速吸收。对微灌而言，由于湿润范围仅限于根系集中的区域及水肥溶液最大限度的均匀分布，使得肥料利用效率大大提高；同时，由于微灌的流量小，相应地延长了作物吸收养分的时间。在滴灌下，含养分的水滴缓慢渗入土壤，延长了作物对水肥的吸收时间；而当根区土壤水分饱和后可立即停止灌水，从而大大减少由于过量灌溉导致养分向深层土壤的渗漏损失，特别是硝态氮和尿素的淋失。但在传统耕作中，施肥和灌溉是分开进行的，肥料施入土壤后，由于没有及时灌水或灌水量不足，肥料存在于土壤中，并没有被根系充分吸收；而在灌溉时虽然土壤可以达到水分饱和，但灌溉的时间很短，因此根系吸收养分的时间也短。有研究表明，在田间滴灌施肥系统下，番茄氮的利用率可达 90%、磷达到 70%、钾达到 95%。肥料利用率提高意味着施肥量减少，从而节省了肥料。

③可灵活、方便、准确地控制施肥数量和时间，可根据作物养分需求规律有针对性施肥，做到缺什么补什么，实现精确施肥。例如，果树在抽梢期，主要需要氮；在幼果期，需要氮磷钾等多种养分；在果实发育后期，钾的需求增加。可以根据作物的养分特点，研制各个时期的配方，为作物提供完全营养。根据灌溉的时间和灌水器的流量，可以准确计算每株树或单位面积所用的肥料数量。有些作物在需肥高峰时正是封行的时候（如甘蔗、马铃薯、菠萝等），传统的施肥无法进行。如采用滴灌施肥则不

受限制，可以随时施肥，真正按作物的营养规律施肥。覆膜栽培可以有效地提高地温、抑制杂草生长、防止土壤表层盐分累积、减少病害发生，但覆膜后通常无法灌溉和施肥，如采用膜下滴灌，这个问题就可迎刃而解。

④施肥及时，养分吸收快速。对于集约化管理的农场或果园，可以在很短时间内完成施肥任务，作物生长速率均匀一致，有利于合理安排田间作业。及时快速地灌溉和施肥对果树的生长有现实意义。抽梢整齐方便统一喷药而控制病虫害，果实成熟一致方便集中采收。

⑤有利于应用微量元素。金属微量元素通常应用螯合态，价格较贵，而通过微灌系统可以做到精确供应，提高肥料利用率，降低施用成本。

⑥改善土壤环境状况。微灌灌水均匀度可达 90％以上，克服了畦灌和淋灌可能造成的土壤板结。微灌可以保持土壤良好的水气状况，基本不破坏原有土壤的结构。由于土壤蒸发量小，保持土壤湿度的时间长，土壤微生物生长旺盛，有利于土壤养分转化。

⑦采用微灌施肥方法可使作物在边际土壤条件下正常生长。如沙地或沙丘，因持水能力很差，水分几乎没有横向扩散，传统的浇水容易深层渗漏，水肥管理是个大问题，大大影响作物的正常生长。采用水肥一体化技术后，可保证作物在这些条件下正常生长。国外已有利用先进的滴灌技术配套微灌施肥开发沙漠，进行商品化作物栽培的成功经验。如以色列在南部沙漠地带广泛应用微灌施肥技术生产甜椒、番茄、花卉等，成为冬季欧洲著名的"菜篮子"和鲜花供应基地。

⑧应用微灌施肥可以提高作物抵御风险的能力。近年来，华南许多地区秋冬或秋冬春连续干旱，持续时间长，在应用水肥一体化技术的地块可保证丰产稳产，而人工灌溉地块则成苗率低、产量低。水肥一体化技术条件下的作物由于长势好，相对提高了作物的抗逆境能力。

⑨采用水肥一体化技术，有利于保护环境。我国目前单位面积的施肥量居世界前列，肥料的利用率较低。由于不合理的施肥，造成肥料的极大浪费，致使大量肥料没有被作物吸收利用而进入环境，特别是水体，从而造成江河湖泊的富营养化。在水肥一体化技术条件下，通过控制灌溉深度，可避免将化肥淋洗至深层土壤，从而大大减少由于不合理施肥、过量施肥等对土壤和地下水造成污染，尤其是硝态氮的淋溶损失可以大幅度减少。

⑩在水肥一体化技术中，可充分发挥水肥的相互作用，实现水肥效益的最大化，相对地减少了水的用量。

⑪水肥一体化技术的采用有利于实现标准化栽培，是现代农业中的一个重要技术措施。在一些地区的作物标准化栽培手册中，已将水肥一体化

技术作为标准技术措施推广。

⑫由于水肥协调平衡，作物的生长潜力得到充分发挥，表现为高产、优质，进而实现高效益。

(2) 水肥一体化技术的缺点

①一次性投资大。尽管水肥一体化技术已日趋成熟，有上述诸多优点，但因其属于设施施肥，需要购买必需的设备，其最大局限性在于一次性投资较大。根据近几年的灌溉设备和施肥设备市场价格估计，大田采用灌溉施肥一般每亩设备投资在 400～1 500 元，而温室灌溉施肥的投资比大田高。

②设备易损耗。除投资外，水肥一体化技术对管理有一定要求，管理不善，容易导致滴头堵塞。如磷酸盐类化肥，在适宜的 pH 条件下易在管内产生沉淀，使系统出现堵塞。而在南方一些井水灌溉的地方，水中的铁质引致的滴头铁细菌堵塞常会使系统报废。

③对肥料溶解度的要求高。对不同类型的肥料应有选择性施用。肥料选择不当，很容易出现堵塞，降低设备的使用效率。没有配套肥料，上述部分优点不能充分发挥。

④观念转变不同步。采用水肥一体化技术后，施肥量、肥料种类、施肥方法、肥料在生长期的分配都与传统施肥存在很大差别，要求用户要及时转变观念。而生产中很多用户安装了先进灌溉设备，但还是按传统的施肥方法，结果会导致负面结果。

⑤可能造成限根。在水肥一体化条件下，施肥通常只湿润部分土壤，根系的生长可能只局限在灌水器的湿润区，有可能造成作物的限根效应，造成株型较大的植株矮小。这在干旱半干旱地区只依赖滴灌供水的地区可能会出现这种情况，但在华南地区有较丰富的降水，设施灌溉并不是水分的唯一来源，在此情况下基本不存在限根效应。

⑥盐分积累。长期应用微灌施肥，特别是滴灌施肥，容易造成湿润区边缘的盐分累积。但在降雨充沛的地区，雨水可以淋洗盐分。如在我国南方地区田间应用灌溉施肥，则不存在土壤盐分累积的问题。而在大棚中多年应用滴灌施肥，盐分累积问题比较突出。

⑦有可能污染灌溉水源。施肥设备与供水管道联通后，在正常的情况下，肥液被灌溉水带到田间。但若发生特殊情况如事故、停电等，则有时系统内会产生回流现象，这时肥液可能被带到水源处。另外，当饮用水与灌溉水用同一主管网时，如无适当措施，肥液也可能进入饮用水管道，这些都会造成对水源水的污染。但在设计和应用时采取一定的安全措施，如

安装逆止阀、真空破坏阀等，就可避免污染的发生。

3.4.2.3 水肥一体化技术应用实例（马铃薯）

目前，时针式喷灌机及膜下滴灌已经大规模应用于马铃薯栽培，马铃薯的产量显著增加，特别是水肥管理好的田块。

（1）水分管理

马铃薯整个生长季节根层土壤保持湿润就可满足水分需要。对马铃薯而言，一般保持土壤表层至深度 40cm 处于湿润状态最好。由于滴灌的滴头流量多种多样，有时有降雨，很难给出一个准确的每次滴水时间。另外，马铃薯在不同阶段需水量不同，也很难给出准确的滴灌间隔时间。通过观察土层湿润情况确定滴水时间和滴水间隔时间。

（2）养分管理

马铃薯是高产作物，需肥量比较大。如果肥料不足，会出现植株弱小、结薯量少个小、产量较低的后果。马铃薯对营养元素的需求量主要受土壤肥力状况、土壤类型、种植品种、生育时期、栽培措施和气候条件等的不同而有差异。马铃薯在整个生育期中，吸收钾肥最多，氮肥次之，磷肥最少。不同生育期对养分的需要有不同的特点，因此生产上应根据马铃薯的生长规律，采取前促、中控、后保的施肥原则。生产 1 000kg 马铃薯需 N、P_2O_5、K_2O 的区间分别为 3.0～4.0kg、1.0～1.50kg、4.0～6.0kg，氧化钙约 68kg、氧化镁约 32kg、硫 0.26kg、硼 5.8g、铜 3.83g、锰 2.1g、钼 0.037g、锌 5.3～12.9g。广东省每生产 1 000kg 马铃薯块茎，需要从土壤中吸收钾（K_2O）8.74kg、氮素 4.14kg、磷素（P_2O_5）2.34kg，N：P_2O_5：K_2O 为 1：0.57：2.11。不同地区马铃薯对三要素养分的需求各不相同，各地区应根据当地气候环境、种植品种、土壤肥力状况合理平衡施肥，以获得优质高产的马铃薯。

3.4.2.4 水肥一体化技术研究和推广应用中存在的问题

（1）我国设施灌溉技术的推广应用还处于起步阶段

我国的设施灌溉面积不足总灌溉面积的 3%，与经济发达国家相比存在巨大差异，在设施灌溉的有限面积中，大部分没有考虑通过灌溉系统施肥。即使在最适宜用灌溉施肥技术的设施栽培中，灌溉施肥面积也仅占 20%左右。水肥一体化技术的经济效益和社会效益尚未得到足够重视。

另外，多数种植者对水肥一体化灌溉施肥技术存在认识上的偏差。目前，多数种植业者或管理人员对滴灌等灌溉形式的认识还停留在原有基础

上，如由于设计不合理、管理不善等引起的滴头堵塞等问题，进而对水肥一体化技术本身加以否定；再有就是在他们的潜意识中，滴灌是将灌溉水一滴一滴滴下去，灌水量太少，根本满足不了作物生长的需要；对国外技术的过分依赖，认为只有使用国外的产品、让国外的技术人员来进行规划、设计、安装才是可行的，无形之中增加了水肥一体化技术的应用成本和推广难度。

（2）灌溉技术与施肥技术脱离

由于管理体制所造成的水利与农业部门的分割，使技术推广中灌溉技术与施肥技术脱离，缺乏行业间的协作和交流。懂灌溉的不懂农艺、不懂施肥，而懂得施肥的又不懂灌溉设计和应用。目前，灌溉施肥面积仅占微灌总面积的30%，远远落后于先进国家（以色列为90%，美国为65%）。我国微灌工程首部有相当部分都设计有施肥配置，但大部分闲置不用。调查表明，主要是设计者不懂得如何施肥（如施肥量和肥料浓度的确定），又害怕承担责任（万一肥浓度过高将作物烧死要赔偿），导致多数用户仍然沿用传统的人工施肥方法，灌溉系统效益没有得到充分发挥。即便是在有些示范园区，虽安装了先进的施肥装备，如成套施肥机等，但因所选择肥料与之并不匹配，也难以体现水肥一体化技术的应有价值。与此同时，结合中国国情的灌溉与施肥结合的综合应用技术的研究也严重不足。

（3）灌溉施肥工程管理水平低

目前，我国节水农业中存在"重硬件（设备）、轻软件（管理）"问题。特别是政府投资的节水示范项目，花很大代价购买先进设备，但建好后由于缺乏科学管理或权责利不明而不能发挥应有示范作用。灌溉制度和施肥方案的执行受人为因素影响巨大，除了装备先进的大型温室和科技示范园外，大部分的灌溉施肥工程并没有采用科学方法对土壤水分和养分含量、作物营养状况实施即时监测，多数情况下还是依据人为经验进行管理，特别是施肥方面存在很大的随意性。系统操作不规范，设备保养差，运行年限短。

（4）水肥一体化设备生产技术装备落后，针对性设备和产品的研究和开发不足

我国微灌设备目前依然存在微灌设备产品品种及规格少、材质差、加工粗糙、品位低等问题。其主要原因是设备研究与生产企业联系不紧密，企业生产规模小，专业化程度低。特别是施肥及配套设备产品品种规格少，形式比较单一，技术含量低；大型过滤器、大容积施肥罐、精密施肥设备等开发不足。

(5) 灌溉施肥技术的成本较高

农业生产本身也是一项经济活动。目前，我国绝大部分的农用水不收费或收费很低。因此，从节水角度鼓励农民使用节水灌溉收效不大，绝大部分是从节肥省工高效来考虑。但目前较高的成本使农民犹豫再三，不敢尝试。水肥一体化灌溉施肥技术是一项综合管理技术措施，涉及多项成本构成，具体有：

①设备成本。包括设备来源（国产或进口）、系统寿命的长短、自动化程度的高低、材料的等级及规格等。以滴灌管为例，有些可以用15年以上，有些只能用一年半载；同样的材料有些管壁厚有些管壁薄；对内置滴灌管而言，滴头间距越小，成本越高。很显然，寿命长、管壁厚、滴头间距小的滴灌管价格就要高。

②水源工程。在水肥一体化系统的规划设计中，只要是符合农田灌溉水质标准的水都可以作为灌溉水源，如河水、井水、水库水、池塘水、湖水和降水等。很显然，水源工程越复杂，花费越多。一些地方需要打深井，一些要建引水渠、修蓄水池、拉电源等，所涉及的成本差异大。

③作物种类。包括种植作物的种类、行间距、年龄等。如单位面积茶园应用滴灌技术的成本要高于苹果，因为茶的行距远小于苹果，需要更多的滴灌管。蔬菜通常比果树成本高。

④地形及土壤条件。如土壤质地、地形坡度等。很显然，在复杂的地形条件下可能需要消耗更多的材料且增加安装成本。与平坦地带相比，当高差很大时要用压力补偿式滴灌管，增加成本。土壤质地与滴头间距有关，沙土间距小，滴头多，相应成本增加。

⑤地理位置。交通不便的地方材料购置与运输困难，通常会大幅度增加系统成本。

⑥系统规划设计。合理的设计可节省材料，系统的安装和运行成本相对较低；而不合理的设计通常导致材料的浪费，系统运行成本也会相应增加。

⑦系统所覆盖的种植区域面积。无论种植区面积大小，都必须至少有一套灌溉施肥首部系统。面积越大，首部系统分摊到单位面积的成本就越少。

⑧肥料。在系统运行过程中，肥料的选择有多种，有普通肥或专用肥、进口肥或国产肥之分。一般而言，用普通肥料自行配肥是便宜的，但配肥需要有专业知识。

⑨施肥设备和施肥质量要求。在施肥设备中，既有简易的、低成本施

肥装置，也有复杂的、价格相对昂贵的施肥机等。在施肥方式上，有按比例施肥和按数量施肥两种。总体而言，按比例施肥用的设备要比按数量施肥用的设备昂贵。

因上述每项都是一个变数，要确定某一灌溉施肥系统的详细成本需视具体情况而定。随着我国水肥一体化技术的发展，市场会越来越成熟，灌溉施肥的模式也会越来越多，成本也将越来越低。在日前情况下，水肥一体化技术可以优先用在经济效益较好的作物上（如花卉、果树、蔬菜、药材、烟草、棉花、茶叶及其他特产经济作物等）。在绿色食品的生产中应用也较为广泛。

3.4.2.5　水肥一体化技术的应用前景

水肥一体化技术是现代农业生产中最重要的一项综合管理技术措施。具有显著的节水、节肥、节能、省工、高效、环保等诸多特点和优点，因而该技术在世界范围内得到快速推广应用。欧洲很多地区并不缺水，但仍采用水肥一体化技术，考虑的是该技术的其他优点，特别是对环境的保护。

我国作为世界最大的发展中国家，拥有占世界25％的人口，人口众多但资源有限，社会生产发展受到包括气候条件、水、肥、劳动力、土地等资源短缺的制约。

我国的可耕种土地面积非常有限，其中绝大部分是比较贫瘠的，这就意味着有相当一部分的土地需要水分和养分的补充。在可耕种土地当中，灌溉耕地面积约占43％，57％是靠自然降水。但是，雨水的季节性分布不均，大部分降雨发生在夏季和秋季；旱灾发生频率很高，几乎覆盖了全国的各个农业生态区，特别是在我国北方和南方的部分地区，干旱缺水的情况比较严重。如被认为雨水充足的广东、海南，虽然年均降水量在1 800mm以上，但连年的秋冬连旱或秋冬春连旱已成为农业生产发展的最主要限制因素之一。

我国又是世界化肥消耗大国，单位面积施肥量居世界前列，养分利用率不高。从全国的情况看，一是不同地区的施肥水平不均衡，西部和北部地区施肥水平相对较低，而在南方和蔬菜生产中则施肥过量；二是养分的分布不均衡，有些地方过多地使用氮肥，导致氮、磷、钾比例失调，而有些地方虽注意了氮肥、磷肥、钾肥的平衡施用，但大量元素肥料和中微量元素肥料之间的比例失衡，严重影响作物产量和产品质量的提高；三是施肥技术比较落后，大多数地区依然使用传统的施肥方式，如肥料撒施或大水冲施，这种施肥方式导致肥料利用率低下，不仅浪费大量的肥料资源，也引起大量的能源损失。而肥料资源的浪费则意味着对水体、土壤或大气的污染，是对环境的破坏。因此，在农业生产中，如何提高水肥利用率，不仅体现在节约水肥资源、降低农业生产能耗，还体现在如何减少对环境的破坏与污染、保护我们的生存环境。

随着我国经济的发展，劳动力短缺现象将越加明显，劳动力价格也将越来越高，这在无形中增加了生产的成本。据调查，在现有的农业生产中，真正在生产一线从事劳动的主要是 40 岁上下的人群，而青壮年所占的比例很小，劳动力群体结构明显不合理、年龄断层严重。可以预见，在未来的若干年以后，一旦现有的这部分从业人员不再劳作，将很难有人来替代他们的工作，劳动力矛盾将更加突出；再有，现在的劳动力薪酬已是 5 年前的 2 倍甚至更高，按这种发展速度，有朝一日，这不断增长的生产成本将使经营者不堪重负。因此，在我国传统的"精耕细作"农业逐步向"集约化农业"转型的今天，如何实现高效低成本的生产将是每个经营者都必须考虑的问题。

上述诸多因素的分析，可以看到在我国发展水肥一体化技术的重大意义和美好前景，它的合理应用将有利于从根本上改变传统的农业用水方式，大幅度提高水资源利用率；有利于从根本上改变农业的生产方式，提高农业综合生产能力；有利于从根本上改变传统农业结构，大力促进生态环境保护和建设，最终实现农产品竞争力增强、农业增效和农民增收的目的。

3.4.3　其他技术

3.4.3.1　叶面施肥

把肥料配成一定浓度的溶液喷洒在作物体上的施肥方式称叶面施肥（foliage spray，foliage dressing）。它是用肥少、收效快的一种追肥方式，又称为根外追肥。

叶面施肥是土壤施肥的有效辅助手段，甚至是必要的施肥措施。在作物快速生长期，根系吸收养分难以满足作物生长发育的需求，叶面施肥是有效的。在作物生长后期，根系吸收能力减弱，叶面施肥可以补充根系吸收养分的不足。豆科作物叶面施氮不会对根瘤固氮产生抑制作用，是有效的施肥手段。对微量元素来说，叶面施肥是常用而有效的方法。叶面施肥也是有效的救灾措施，当作物缺乏某种元素、遭受气象灾害（冷冻、冰雹等）时，叶面施肥可迅速矫正症状，促进受害植株恢复生长。

随着科学技术的发展，适用于做叶面肥的肥料新品种应运而生，如氨基酸叶面肥、微量元素类叶面肥以及大量元素类叶面肥等。这些叶面肥的具体施用方法应根据产品说明书，掌握正确的施用浓度和方法。

叶面施肥，由于喷于叶面的肥料有限，仅是一种辅助性的施肥措施，不能代替基肥和土壤追肥。

（1）叶面施肥原理

叶片的主要功能是利用太阳能进行光合作用，同时将合成产物进行一定的生物化学转化和将其运转至其他器官。同时，叶片也能不断与外界进行物质交换。叶面对养分吸收的形态和机理与根相似。但叶的构造和根不同。从作物叶片结构看，在叶片的表面有一层角质层，角质层的外面有一层蜡质层，角质层下面是叶表皮细胞，表皮细胞下面是叶肉细胞。叶分为表皮、叶肉和叶脉。叶的表皮细胞排列整齐，靠近上表皮为栅栏细胞，靠近下表皮则为海绵细胞。在叶片的上下表面还有一种称为气孔的结构，气孔是叶片内部与外界沟通的渠道。叶片有 3 种途径与外界进行物质交换，第一种途径是通过在叶面的气孔，一般叶背面气孔多于叶面气孔。大多数一年生作物叶面气孔数每平方毫米在 10～20 个。这些气孔除主要吸收大气中的 CO_2 外，还可吸收 H_2O、NH_3、NO_2、O_2 等气体。气孔也能对大气释放 O_2、H_2O、NH_3 和 H_2S 等气体。叶片与外界进行物质交换的另一途径是叶表面角质层的亲水小孔。角质层由一种带有羟基和羧基的长碳链脂肪酸聚合物组成，这种聚合物的分子间隙及分子上的羟基、羧基、亲水基可以让水溶液渗透进入叶内。叶层与外界进行物质交换的第三种途径是通过叶片细胞的质外连丝，像根系表面一样，通过主动吸收把营养物质吸收到叶片内部的。因此，叶片与根系一样，对营养物质也有选择吸收的特点。

（2）叶面施肥的必要性

一般根部吸收的营养元素，在作物的生长旺盛期难以及时满足作物的需求，造成作物的养分供应不足，使作物的果实、种子的产量和品质下降。而作物叶面施肥是土壤施肥的有效辅助方法，有利于作物的生长，使作物的产量与品质得到提高。叶面施肥能立即改善作物的营养状况，特别是防治微量元素不足的一种有效的方法。因此在农业生产上，叶面施肥得到广泛的运用。叶面施肥与土壤施肥是相辅相成互相影响的。土壤施肥的不足可以通过叶面施肥来补充，尤其是在某些特殊土壤，如酸性土、碱性土、沼泽土、太干或太湿土、渗透性强和板结的土壤，或由于施肥有困难或作物生长遇到不良的气候条件和营养缺乏时，叶面施肥是较好的解决方法，能够促进作物恢复生长。

（3）叶面施肥的效果

叶面施肥对作物增产和品质、抗逆性的提高有显著的效果。对小麦而言，前期喷施锌肥、锰肥，可在作物临界营养期供给作物锌、锰营养；拔节至灌浆期喷洒磷酸二氢钾加尿素，不但可防止脱落，还可增加粒数，提高灌浆速度，增加千粒重。

①提高作物产量。作物喷施叶面肥后普遍表现出产量的显著提高。张文杰等（2007）研究叶面施肥对大豆合丰42品质和产量影响表明，荚期进行叶面施肥较明显地增加了高油品种合丰42的籽粒产量、油分产量、蛋白质产量和油分含量。

②增强品质，提高作物抗逆性。作物受涝渍湿害，根系功能衰退而导致养分吸收不足，施用叶面肥可使受害作物尽快恢复正常的生理功能，促进光合作用，同时补充一定的养分，有效地提高结实率、增加产量。对于旱灾，喷施黄腐酸叶面肥可缩小气孔开张度，抑制蒸腾，增加叶绿素含量，加强光合作用和干物质积累，提高根系活力，改善植株水分状况，防止早衰。对于干热风，在小麦孕穗至扬花期喷施磷钾型叶面肥，可使植株体内磷、钾量提高，植株保水力增强，千粒重提高，平均增产3%～10%；对于低温冻害，可在小麦苗期喷施调节型叶面肥，促根增蘖，控旺防冻，而在水稻上喷施磷钾型叶面肥，也是抗击"寒露风"比较有效的措施，一般可增加稻谷千粒重3g左右。

（4）叶面肥的质量要求

①对作物有益。叶面肥必须对作物生长直接或间接有益，据此，可将叶面肥大致分为两类：能直接向作物供应养分的营养型叶面肥和改善作物营养条件或喷施效果的功能型叶面肥。

②溶解于水或可以喷雾。由于直接喷洒在叶片上，所以应该溶解于水或能配制成可以喷雾的悬浮剂，并且在适宜浓度范围内不烧伤作物。

③能被作物吸收。一般化肥溶液喷洒于叶面后都能被作物吸收利用，但有些作物的叶片难以附着叶面肥，必须在叶面肥中加入适量的活性剂。

④不伤害作物。有害成分必须控制在安全限度以下，如钠离子、氯离子对叶片有灼伤作用，所以含钠肥或含氯肥一般不能作为叶面肥或必须稀释到一定浓度后再用。

⑤不留残渣。草木灰及腐熟有机肥料等含有难溶性残渣，需要在水中搅拌溶解，澄清或过滤后才能作为叶面肥喷施。

3.4.3.2　根部营养袋施肥

营养袋在果树育苗中，培育健壮假植苗，提高成活率。营养袋假植苗具有以下优点：

(1) 栽植时间长

营养袋假植后移栽，根系几乎无损伤，一年除冬季冻害和日常下雨不宜栽植外均可移栽。移栽时间灵活，能够充分保证建园质量，做到大穴、大肥、大苗上山种植。

(2) 生长速度快

常规果树栽植方法大多是春季起苗，根系无土，特别是远途调运，苗木易失水，栽植成活率低。营养袋假植苗带土上山，可避免春季常规栽植伤根缓苗现象，如柚苗上山后不影响生长，发梢正常，成活率高，生长速度快。

(3) 一次性成园

采用营养袋假植苗移栽，成活率高，若有个别缺株需要补苗，也可用预备的营养袋假植苗随时补栽。营养袋苗分类容易，按类栽植，长势整齐，一般 3～4 年便可一次性成园。

(4) 管理较方便

营养袋苗木集中，排水抗旱、除草施肥、防病灭虫等容易操作，省工省力。

营养袋营养土可就地选用水稻田表土、菜园土或干泥塘土等。黏性土通透性差，易板结；沙性土保水保肥力差，土温变化大，易缺水；应选择沙质壤土为宜。一般 1m³ 肥土加谷壳灰或锯木屑 25～50kg、充分腐熟人粪尿或猪牛栏粪 100kg、钙镁磷肥 2kg、石灰 1kg，充分混合拌匀做成堆，堆外用泥土或薄膜密封，堆沤 30～45d；或 1m³ 肥土加谷壳灰或草木灰 25kg、生物有机肥 10kg、钙镁磷肥 5kg，然后充分拌匀，堆沤 10～15d 即可使用。营养袋中的养分起到了促进新根生长的作用，说明新根能够吸收营养袋中的矿质元素。

3.4.3.3　树干注射施肥

注射施肥（injection fertilization）是在树体、根、茎部打孔，在一定的压力下，把营养液通过树体的导管，输送到植株的各个部位，使树体在短时间内积累和储藏足量的养分，从而改善和提高植株的营养结构水平和生理调节机能，同时也会使根系活性增强，扩大吸收面，有利于对土壤中矿质营养的吸收利用。树干注射施肥直接将肥液注射到树体内，肥料几乎全部进入树体，减少了土壤对肥料的固定、淋溶流失和挥发，肥料的利用率极高。同时，肥料直接进入树体，克服了老弱病树根系吸收能力差的问题，树体复壮迅速，这是其他施肥方式难以达到的。另外，注射施肥也减少了常规土壤施肥和叶面喷肥对土壤、地下水等环境的污染，减少了山地果园因施肥挖土而引起的水土流失，有一定生态保护作用。

注射施肥又可分为滴注和强力注射。滴注是将装有营养液的滴注袋垂直悬挂于距地面 1.5m 左右高的枝杈上，排出管道中气体，将滴注针头插入预先打好的钻孔中（钻孔深度一般为主干直径的 2/3），利用虹吸原理，将溶液注入树体中。强力注射是利用踏板喷雾器等装置加压注射，压强一般为（98.1～147.1）×10^4N/m^2。注射结束后，注孔用干树枝塞紧，与树皮剪平，并堆土保护注孔。

果树等木本植物本身具有储藏营养的特性，储藏营养对春季和初夏的根系生长、枝叶发育、开花坐果、果实早期发育和花芽分化起着重要的作用。注射施肥后树体在高的营养水平上生长发育，形成高质量的叶片和吸收能力强的根系，表现在注射施肥后叶片的单叶面积、比叶重、干鲜比、叶绿体各色素含量、枝条生长量、光合速率高于常规的土施加叶喷施肥处理，因而坐果率、单果重、单株产量也高于土施加叶喷施肥处理，故注射施肥是极有应用前景的一种果树施肥方式。在梨树上进行注射施肥研究结果表明，含有树干注射施肥的 2 个处理单叶面积分别增加了 8.63cm² 和 6.11cm²，比叶重增加了 2.90mg/cm² 和 0.40mg/cm²，叶绿体色素的含量也显著增加，其中总叶绿素增加 47.76％和 42.13％；含树干注射施肥的 2 个处理使叶内营养元素含量较均衡，叶片净光合速率分别提高了 36.30％和 21.28％，单果重提高了 17.8％和 6.5％，单株产量增加了 31.77％和 18.26％，增加了坐果率和成花率，并提高了花芽质量。使用适当剂量的含铁化合物（Fe^{2+}、Fe^{3+}）均可矫治柑橘失绿，强力注射后铁液主要沿中央木质部运输，首先充分向下运往根部，向上运输较向下运输少。

单独注射为树体施入的肥量不能满足多年生果树在一个生长季中生长发育和结果所需的营养，果树还需从土壤中吸收营养，在注射施肥的同时还必须配合适量的土壤施肥，以提高土壤肥力。

3.4.3.4　精准农业

精准农业（又称精确农业，Precision Agriculture or Precision Farming）是基于信息和知识支持的现代农业管理的集成技术，将遥感、地理信息系统和全球定位系统系统、计算机技术、自动化技术、通信和网络技术结合农学、地学、生态学规律和模型，根据田间变异对农业生产过程实施机械精准定位、定量操作的一整套现代化农业集成技术。精准农业是近年来国际上农业科学研究的热点领域，是人们在探索 21 世纪农业高新技术发展的过程中，为减少农业生产中的盲目投入，节约成本，增加产量，提高农资利用率，减少环境污染，阻止生态环境的进一步恶化，而提出的一种新思想。其含义是按照田间每一操作单元的具体条件，精细准确地调整各项土壤和作物管理措施，最大限度地优化使用各项农业投入（如化肥、农药、水、种子和其他方面的投入量），以获取最高产量和最大经济效益，同时减少化学物质使用，保护农业生态环境，保护土地等农业自然资源。

精准农业充分地利用了作物、土壤和病虫害的空间和时间变化量来进行耕作和田间管理，改变传统的以大片土地平均施用化肥的做法，既保证了作物生产潜力的充分发挥，又避免了过量施用造成的生产成本增长和污染农田土、水环境，导致农产品品质和价值下降的严重后果，取得的经济和环境边际效益非常显著。精准农业的研究与发展将有助于我国人口、资源与环境方面重大问题的解决，有助于农业资源的高效利用和农业环境保护，推动我国农业生产持续稳定发展。在我国实施精准农业战略具有重要的战略意义。精准农业是利用遥感、卫星定位系统等技术实时获取农田每一平方米或几平方米为一个小区的作物生产环境、生长状况和空间变异的大量时空变化信息，及时对农业进行管理，对作物苗情、病虫害、墒情的发生趋势进行分析、模拟，为资源有效利用提供必要的空间信息。在获取上述信息的基础上，利用智能化专家系统，决策支持系统按每一地块的具体情况做出决策，准确地进行灌溉、施肥、喷洒农药等。从而最大限度地优化农业投入，在获得最佳经济效益和产量的同时，保护土地资源和生态环境。精准农业包括施肥、植物保护、精量播种、耕作和水分管理等领域。使用精准农业技术可在减少投入的情况下增加或维持产量、提高农产品质量、降低成本、减少环境污染、节约资源、保护生态环境。

ICS 65.080
B 10

中华人民共和国农业行业标准

NY/T 394—2013
代替 NY/T 394—2000

绿色食品　肥料使用准则

Green food—Fertilizer application guideline

2013-12-13 发布　　　　　　　　　　　　　2014-04-01 实施

中华人民共和国农业部 发布

前　言

本标准按照 GB/T 1.1—2009 给出的规则起草。

本标准代替 NY/T 394—2000《绿色食品　肥料使用准则》。与 NY/T 394—2000 相比，除编辑性修改外主要技术变化如下：

——增加了引言、肥料使用原则、不应使用的肥料种类等内容；

——增加了可使用的肥料品种，细化了使用规定，对肥料的无害化指标进行了明确规定，对无机肥料的用量做了规定。

本标准由农业部农产品质量安全监管局提出。

本标准由中国绿色食品发展中心归口。

本标准主要起草单位：中国农业科学院农业资源与农业区划研究所。

本标准主要起草人：孙建光、徐晶、宋彦耕。

本标准的历次版本发布情况为：

——NY/T 394—2000。

引　言

绿色食品是指产自优良生态环境、按照绿色食品标准生产、实行全程质量控制并获得绿色食品标志使用权的安全、优质食用农产品及相关产品。

合理使用肥料是保障绿色食品生产的重要环节，同时也是保护生态环境，提升农田肥力的重要措施。绿色食品的发展对生产用肥提出了新的要求，现有标准已经不适应生产需求。本标准在原标准基础上进行了修订，对肥料使用方法做了更详细的规定。

本标准按照保护农田生态环境，促进农业持续发展，保证绿色食品安全的原则，规定优先使用有机肥料，减控化学肥料，不用可能含有安全隐患的肥料。本标准的实施将对指导绿色食品生产中的肥料使用发挥重要作用。

绿色食品　肥料使用准则

1　范围

本标准规定了绿色食品生产中肥料使用原则、肥料种类及使用规定。本标准适用于绿色食品的生产。

2　规范性引用文件

下列文件对于本文件的应用是必不可少的。凡是注日期的引用文件，仅注日期的版本适用于本文件。凡是不注日期的引用文件，其最新版本（包括所有的修改单）适用于本文件。

GB 20287　农用微生物菌剂

NY/T 391　绿色食品　产地环境质量

NY 525　有机肥料

NY/T 798　复合微生物肥料

NY 884　生物有机肥

3　术语和定义

下列术语和定义适用于本文件。

3.1

AA 级绿色食品　AA grade green food

产地环境质量符合 NY/T 391 的要求，遵照绿色食品生产标准生产，生产过程中遵循自然规律和生态学原理，协调种植业和养殖业的平衡，不使用化学合成的肥料、农药、兽药、渔药、添加剂等物质，产品质量符合绿色食品产品标准，经专门机构许可使用绿色食品标志的产品。

3.2

A 级绿色食品　A grade green food

产地环境质量符合 NY/T 391 的要求，遵照绿色食品生产标准生产，生产过程中遵循自然规律和生态学原理，协调种植业和养殖业的平衡，限量使用限定的化学合成生产资料，产品质量符合绿色食品产品标准，经专门机构许可使用绿色食品标志的产品。

3.3

农家肥料　farmyard manure

就地取材，主要由植物和（或）动物残体、排泄物等富含有机物的物料制作而成的肥料。包括秸秆肥、绿肥、厩肥、堆肥、沤肥、沼肥、饼肥等。

3.3.1

秸秆　stalk

以麦秸、稻草、玉米秸、豆秸、油菜秸等作物秸秆直接还田作为肥料。

3.3.2

绿肥　green manure

新鲜植物体作为肥料就地翻压还田或异地施用。主要分为豆科绿肥和非豆科绿肥两大类。

3.3.3

厩肥　barnyard manure

圈养牛、马、羊、猪、鸡、鸭等畜禽的排泄物与秸秆等垫料发酵腐熟而成的肥料。

3.3.4

堆肥　compost

动植物的残体、排泄物等为主要原料，堆制发酵腐熟而成的肥料。

3.3.5

沤肥　waterlogged compost

动植物残体、排泄物等有机物料在淹水条件下发酵腐熟而成的肥料。

3.3.6

沼肥　biogas fertilizer

动植物残体、排泄物等有机物料经沼气发酵后形成的沼液和沼渣肥料。

3.3.7

饼肥　cake fertilizer

含油较多的植物种子经压榨去油后的残渣制成的肥料。

3.4

有机肥料　organic fertilizer

主要来源于植物和（或）动物，经过发酵腐熟的含碳有机物料，其功能是改善土壤肥力、提供植物营养、提高作物品质。

3.5

微生物肥料　microbial fertilizer

含有特定微生物活体的制品，应用于农业生产，通过其中所含微生物的生命活动，增加植物养分的供应量或促进植物生长，提高产量，改善农产品品质及农业生态环境的肥料。

3.6

有机—无机复混肥料　organic-inorganic compound fertilizer

含有一定量有机肥料的复混肥料。

注：其中复混肥料是指氮、磷、钾三种养分中，至少有两种养分标明量的由化学方法和（或）掺混方法制成的肥料。

3.7

无机肥料　inorganic fertilizer

主要以无机盐形式存在，能直接为植物提供矿质营养的肥料。

3.8

土壤调理剂　soil amendment

加入土壤中用于改善土壤的物理、化学和（或）生物性状的物料，功能包括改良土壤结构、降低土壤盐碱危害、调节土壤酸碱度、改善土壤水分状况、修复土壤污染等。

4　肥料使用原则

4.1　持续发展原则。绿色食品生产中所使用的肥料应对环境无不良影响，有利于保护生态环境，保持或提高土壤肥力及土壤生物活性。

4.2　安全优质原则。绿色食品生产中应使用安全、优质的肥料产品，生产安全、优质的绿色食品。肥料的使用应对作物（营养、味道、品质和植物抗性）不产生不良后果。

4.3　化肥减控原则。在保障植物营养有效供给的基础上减少化肥用量，兼顾元素之间的比例平衡，无机氮素用量不得高于当季作物需求量的一半。

4.4　有机为主原则。绿色食品生产过程中肥料种类的选取应以农家肥料、有机肥料、微生物肥料为主，化学肥料为辅。

5　可使用的肥料种类

5.1　AA 级绿色食品生产可使用的肥料种类

可使用 3.3、3.4、3.5 规定的肥料。

5.2　A级绿色食品生产可使用的肥料种类

除5.1规定的肥料外，还可使用3.6、3.7规定的肥料及3.8土壤调理剂。

6　不应使用的肥料种类

6.1　添加有稀土元素的肥料。

6.2　成分不明确的、含有安全隐患成分的肥料。

6.3　未经发酵腐熟的人畜粪尿。

6.4　生活垃圾、污泥和含有害物质（如毒气、病原微生物、重金属等）的工业垃圾。

6.5　转基因品种（产品）及其副产品为原料生产的肥料。

6.6　国家法律法规规定不得使用的肥料。

7　使用规定

7.1　AA级绿色食品生产用肥料使用规定

7.1.1　应选用5.1所列肥料种类，不应使用化学合成肥料。

7.1.2　可使用农家肥料，但肥料的重金属限量指标应符合NY 525的要求，粪大肠菌群数、蛔虫卵死亡率应符合NY 884的要求。宜使用秸秆和绿肥，配合施用具有生物固氮、腐熟秸秆等功效的微生物肥料。

7.1.3　有机肥料应达到NY 525技术指标，主要以基肥施入，用量视地力和目标产量而定，可配施农家肥料和微生物肥料。

7.1.4　微生物肥料应符合GB 20287或NY 884或NY/T 798的要求，可与5.1所列其他肥料配合施用，用于拌种、基肥或追肥。

7.1.5　无土栽培可使用农家肥料、有机肥料和微生物肥料，掺混在基质中使用。

7.2　A级绿色食品生产用肥料使用规定

7.2.1　应选用5.2所列肥料种类。

7.2.2　农家肥料的使用按7.1.2的规定执行。耕作制度允许情况下，宜利用秸秆和绿肥，按照约25∶1的比例补充化学氮素。厩肥、堆肥、沤肥、沼肥、饼肥等农家肥料应完全腐熟，肥料的重金属限量指标应符合NY 525的要求。

7.2.3　有机肥料的使用按7.1.3的规定执行。可配施5.2所列其他肥料。

7.2.4 微生物肥料的使用按 7.1.4 的规定执行。可配施 5.2 所列其他肥料。

7.2.5 有机—无机复混肥料、无机肥料在绿色食品生产中作为辅助肥料使用，用来补充农家肥料、有机肥料、微生物肥料所含养分的不足。减控化肥用量，其中无机氮素用量按当地同种作物习惯施肥用量减半使用。

7.2.6 根据土壤障碍因素，可选用土壤调理剂改良土壤。

主要参考文献

曹志洪，2002. 施肥与环境［M］//林葆. 化肥与无公害农业. 北京：中国农业出版社.

陈焕丽，郭赵娟，郑军伟，等，2015. 施钾对春露地马铃薯产量和品质的影响［J］. 长江蔬菜（12）：5-46.

陈日远，关佩聪，刘厚诚，等，2000. 核苷酸及其组合物对冬瓜产量形成及其生理效应的研究［J］. 华南农业大学学报，21（3）：9-11.

高祥照，申眺，郑义，等，2002. 肥料施用手册［M］. 北京：中国农业出版社.

弓钦，樊明寿，2011. 马铃薯测土配方施肥技术［M］. 北京：中国农业出版社.

郭淑敏，门福义，刘梦芸，等，1993. 马铃薯高淀粉生理基础研究——块茎含量与氮磷钾代谢的关系［J］. 马铃薯杂志，7（2）：65-70.

侯雪坤，2008. 农作物营养与施肥［M］. 哈尔滨：黑龙江科学技术出版社.

胡承孝，邓波儿，刘同仇，1996. 氮肥水平对蔬菜品质的影响［J］. 土壤肥料（3）：34-36.

黄鸿翔，2012. 建议实施有机无机配合施用的肥料发展战略［N］. 中国科学报，04-24（B1 生物周刊）.

金耀青，张中原，1993. 配方施肥方法及其应用［M］. 沈阳：辽宁科学技术出版社.

劳秀荣，杨守祥，李燕婷，2008. 果园测土配方施肥技术百问百答［M］. 北京：中国农业出版社.

李国学，1999. 不同通气方式和秸秆切碎程度对堆制效果和养分转化的影响［J］. 农业环境科学学报，18（3）：106-110.

李吉进，郝晋珉，邹国元，等，2004. 添加剂在猪粪堆肥过程中的作用研究［J］. 土壤通报（4）：483-486.

李玉颖，梁红，张东铁，等，1993. 钾对大豆产量及品质的影响［J］. 土壤肥料（2）：24-26.

廖宗文，毛小云，刘可星，2014. 有机碳肥对养分平衡的作用初探——试析植物营养中碳短板［J］. 土壤学报，51（3）：237-240.

刘桃菊，黄完基，赖占筠，1995. 钾对苎麻养分吸收及产量品质影响［J］. 土壤肥料（6）：9-12.

刘秀珍，2009. 农业自然资源概论［M］. 北京：中国林业出版社.

鲁剑巍，2006. 测土配方与作物配方施肥技术［M］. 北京：金盾出版社.

鲁如坤，1998. 土壤与植物营养学原理与施肥［M］. 北京：化学工业出版社.

陆欣，谢英荷，2011. 土壤肥料学 ［M］. 北京：中国农业大学出版社.

门福义，刘梦芸，1995. 马铃薯栽培生理 ［M］. 北京：中国农业出版社.

聂永丰，2001. 三废处理工程技术手册——固体废物卷 ［M］. 北京：化学工业出版社.

潘瑞炽，2008. 植物生理学 ［M］. 北京：高等教育出版社.

施木田，陈少华，2002. 园艺植物营养与施肥技术 ［M］. 厦门：厦门大学出版社.

孙建光，张燕春，徐晶，等，2009. 高效固氮芽孢杆菌选育及其生物学特性研究 ［J］. 中国农业科学，42（6）：2043-2051.

孙羲，章永松，1992. 有机肥料和土壤中的有机磷对水稻的营养效果 ［J］. 土壤学报，29（4）：365-369.

孙先锋，邹奎，钟海风，等，2004. 不同工艺和调理剂对猪粪高温堆肥的影响 ［J］. 农业环境科学学报（4）：787-790.

谭金芳，2011. 作物施肥原理与技术 ［M］. 北京：中国农业大学出版社.

唐树梅，2007. 热带作物高产理论与实践 ［M］. 北京：中国农业大学出版社.

陶正平，潘洪玉，2003. 绿色食品蔬菜发展技术指南 ［M］. 北京：中国农业出版社.

王华静，吴良欢，陶勤南，2003. 有机营养肥料研究进展 ［J］. 生态环境，12（1）：110-114.

王兴仁，张福锁，张卫峰，2010. 我国粮食安全形势和肥料效应的时空转变——初论化肥对粮食安全的保障作用 ［J］. 磷肥与复肥，25（4）：1-4.

王兴仁，张福锁，张卫峰，等，2013. 肥料与施肥手册：中国农化服务 ［M］. 北京：中国农业出版社.

王运华，胡承孝，1999. 实用配方施肥技术 ［M］. 武汉：湖北科学技术出版社.

王正银，2009. 蔬菜营养与品质 ［M］. 北京：科学出版社.

王正银，2012. 农产品生产安全评价与控制 ［M］. 北京：高等教育出版社.

吴良欢，陶勤南，2000. 水稻氨基酸态氮营养效应及其机理研究 ［J］. 土壤学报，37（4）：464-473.

徐惠忠，2004. 固体废物资源化技术 ［M］. 北京：化学工业出版社.

薛文辉，2015. 施用钾肥对苹果产量及果实品质的影响 ［J］. 现代农业科技（5）：103-104.

杨慧芬，张强，2004. 固体废物资源化 ［M］. 北京：化学工业出版社.

杨业新，沈兵，陈步宁，2012. 农化服务指导手册 ［M］. 北京：中国农业出版社.

于海霞，孙黎，栾冬梅，2006. 不同调理剂对牛粪好氧堆肥的影响 ［J］. 农业工程学报（2）：44-45.

张承林，邓兰生，2012. 水肥一体化技术 ［M］. 北京：中国农业出版社.

张夫道，1986. 关于植物有机营养的研究 ［J］. 土壤肥料（6）：15-19.

张福锁，马文奇，陈新平，等，2006. 养分资源综合管理理论与技术概论 ［M］. 北京：中国农业大学出版社.

张福锁，王兴仁，王敬国，1995. 提高作物养分资源利用效率的生物学途径 [J]. 北京农业大学学报（21）：104 - 110.

张福锁，2006. 测土配方施肥技术要览 [M]. 北京：中国农业大学出版社.

张洪昌，段继贤，廖洪，2011. 肥料应用手册 [M]. 北京：中国农业出版社.

张文杰，单大鹏，胡国华，等，1994. 叶面施肥对大豆合丰 42 品质和产量的影响 [J]. 东北农业大学学报，25（3）：112 - 114.

张喜文，宋殿珍，刘源湘，等，1992. 氮肥和氮磷配合对谷子籽粒营养品质和食味品质的影响 [J]. 土壤通报，23（3）：122 - 123.

张相锋，王洪涛，聂永丰，2002. 猪粪和锯末联合堆肥的中试研究 [J]. 农村生态环境（4）：19 - 22.

张新明，李华兴，吴文良，2002. 氮素肥料对环境与蔬菜的污染及合理调控途径 [J]. 土壤通报（33）：471 - 475.

赵秉强，2013. 新型肥料 [M]. 北京：科学出版社.

赵君华，樊骅，闫剑评，2006. 土壤肥料与配方施肥技术 [M]. 郑州：黄河水利出版社.

浙江农业大学，1990. 作物营养与施肥 [M]. 北京：中国农业出版社.

周建民，沈仁芳，2013. 土壤学大辞典 [M]. 北京：科学出版社.

周立祥，侯浩波，赵由才，等，2007. 固体废物处理处置与资源化 [M]. 北京：中国农业出版社.

庄伟强，2002. 固体废物处理与利用 [M]. 北京：化学工业出版社.

Dyson P W，1965. Effects of gibberellic acid and（2 - chloroethyl）- trimethylammonium chloride on potato growth and development [J]. Journal of the science of food and agriculture，16（9）：542 - 549.

图书在版编目（CIP）数据

绿色食品肥料实用技术手册/张新明，张志华主编；
中国绿色食品发展中心组编.—北京：中国农业出版社，
2015.12
（绿色食品标准解读系列）
ISBN 978-7-109-21323-4

Ⅰ.①绿… Ⅱ.①张… ②张… ③中… Ⅲ.①绿色食
品－肥料－技术手册 Ⅳ.①S14－62

中国版本图书馆 CIP 数据核字（2015）第 301485 号

中国农业出版社出版
（北京市朝阳区麦子店街 18 号楼）
（邮政编码 100125）
责任编辑 刘 伟 冀 刚

中国农业出版社印刷厂印刷 新华书店北京发行所发行
2016 年 3 月第 1 版 2016 年 3 月北京第 1 次印刷

开本：700mm×1000mm 1/16 印张：10.5
字数：200 千字
定价：32.00 元
（凡本版图书出现印刷、装订错误，请向出版社发行部调换）